ENERGY

新能源家族丛书

图文并茂 · 主题热门 · 创意新颖

XINNENGYUAN JIAZU
CONGSHU

风力

FENG LI

本书编写组◎编

世界图书出版公司
广州 · 上海 · 西安 · 北京

图书在版编目（CIP）数据

风力/《风力》编写组编.—广州：世界图
书出版广东有限公司，2010.11（2021.5 重印）
ISBN 978 - 7 - 5100 - 3029 - 1

Ⅰ.①风… Ⅱ.①风… Ⅲ.①风力能源 - 普及读物
Ⅳ.①TK81 - 49

中国版本图书馆 CIP 数据核字（2010）第 217449 号

书　　名	风力
	FENGLI
编　　者	《风力》编写组
责任编辑	王　红
装帧设计	三棵树设计工作组
责任技编	刘上锦　余坤泽
出版发行	世界图书出版有限公司　世界图书出版广东有限公司
地　　址	广州市海珠区新港西路大江冲 25 号
邮　　编	510300
电　　话	020-84451969　84453623
网　　址	http://www.gdst.com.cn
邮　　箱	wpc_gdst@163.com
经　　销	新华书店
印　　刷	三河市人民印务有限公司
开　　本	787mm × 1092mm　1/16
印　　张	13
字　　数	160 千字
版　　次	2010 年 11 月第 1 版　2021 年 5 月第 6 次印刷
国际书号	ISBN　978-7-5100-3029-1
定　　价	38.80 元

序　言

　　能源，是自然界中能为人类提供某种形式能量的物质资源。人类社会的存在与发展离不开能源。

　　在过去的 200 多年中，建立于煤炭、石油、天然气的能源体系极大地推动了人类社会的发展，这几大能源我们称之为化石能源，它们是千百万年前埋在地下的动植物，经过漫长的地质年代形成的。化石燃料不完全燃烧后，都会散发出有毒的气体，却是人类必不可少的燃料。

　　随着人类的不断开采，化石能源的枯竭是不可避免的，大部分化石能源本世纪将被开采殆尽。同时，化石能源的大规模使用带来了环境的恶化，威胁全球生态。因此，人类必须及早摆脱对化石能源的依赖，寻求新的能源，形成清洁、安全、可靠的可持续能源系统。

　　进入 21 世纪，人们更加迫切地呼唤着新能源。新能源这个概念是相对常规能源而言的，常规能源是指已被人类广泛利用并在人类生活和生产中起过重要作用的能源，就是化石能源加上水能，而新能源，在不同的历史时期和科技水平情况下有不同的内容。眼下，新能源通常指核能、太阳能、风能、海洋能、氢能等。本套丛书向大家系统介绍了这些新能源的来龙去脉，让大家了解到当今世界正在走向一个可持续发展的、与环境友好的新能源时代。

　　这些新能源中，太阳能已经逐渐走入我们寻常的生活，太阳能发电具有布置简便、维护方便等特点，应用面较广，缺点是受时间限制；风力发电在 19 世纪末就开始登上历史的舞台，由于造价相对低廉，成了各个国家争相发展的新能源首选，然而，随着大型风电场的不断增多，占用的土地也日益扩大，产生的社会矛盾日益突出，如何解决这一难题，成了人们又一困惑。核能的应用已经有一段时间，而且被一些人认为是未来最具希望的新能源，因为核电站只需消耗很少的核燃料，就可以产生大量的电能，它也有一定缺点，比如产生放射性废物，燃料存在被用于武器生产的风险。在众多新能源中，氢能以其重量轻、无污染、热值高、应用面广等独特优点脱颖而出，将成为21世纪最理想的新能源。氢能可应用于航天航空、汽车的燃料，等高热行业。至于海洋能，由于海洋占地球表面积的71%，蕴藏着无尽的宝贵资源，如何打开这一资源宝库，利用这一巨大深邃的空间，是当前世界各国密切关注的重大问题。目前限于技术水平，海洋能尚处于小规模研究阶段。

这套丛书以每一个新能源品种为一册，内容简明而丰富，除此之外，我们还编写了电力和水力两本书，电力属于二次能源，也是常规能源和新能源的转化和储存形式；水力虽然是常规能源，但也是一种可持续能源，而且小水电由于其对生态环境基本没有破坏，被列为新能源之列。我们希望这套丛书帮助大家了解新能源的前世今生，以及新能源面临的种种问题，当然，更多的是展望新能源的美好前景。

新能源正在塑造未来的世界形态，未来属于领先新能源技术的国家，那么，作为个人，了解新能源，就是拥抱未来。

Contents | 目录

第一章 风吹起的地方
——风的基本知识

风是地球上的一种自然现象。太阳照射到地球表面，地球表面各处受热不同，产生温差，从而引起大气的对流运动形成风。可以说，风的最根本来源还是太阳辐射。

据估计，到达地球的太阳能中虽然只有大约 2% 转化为风能，但其总量仍是十分可观的。全球的风能比地球上可开发利用的水能总量还要大 10 倍。

人们利用风能的历史可以追溯到公元前，数千年来，风能技术发展缓慢，没有引起人们足够的重视。但自 1973 年世界石油危机以来，在常规能源告急和全球生态环境恶化的双重压力下，风能作为新能源的一部分才重新有了长足的发展。风能作为一种无污染和可再生的新能源有着巨大的发展潜力，特别是对沿海岛屿、交通不便的边远山区、地广人稀的草原牧场，以及远离电网和近期内电网还难以达到的农村、边疆，作为解决生产和生活能源的一种可靠途径，有着十分重要的意义。即使在发达国家，风能作为一种高效清洁的新能源也日益受到重视。

第一节　风的产生

　　地球上任何地方都在吸收太阳的热量，但是由于地面每个部位受热的不均匀性，空气的冷暖程度就不一样，于是，暖空气膨胀变轻后上升，冷空气冷却变重后下降，这样冷暖空气便产生流动，形成了风。

　　当较轻的热空气突然上升时，较冷的空气会快速流入以填补热空气留下的空隙。这股流入以填补空隙的空气就是风。

风就是水平运动的空气

风就是水平运动的空气，空气产生运动，主要是由于地球上各纬度所接受的太阳辐射强度不同而形成的。在赤道和低纬度地区，太阳高度角大，日照时间长，太阳辐射强度强，地面和大气接受的热量多，温度较高；在高纬度地区太阳高度角小，日照时间短，地面和大气接受的热量少，温度低。这种高纬度与低纬度之间的温度差异，形成了南北之间的气压梯度，使空气作水平运动，风应沿水平气压梯度方向吹，即垂直于等压线从高压向低压吹。

风受大气环流、地形、水域等不同因素的综合影响，表现形式多种多样，如季风、地方性的海陆风、山谷风、焚风等。简单地说，风是空气分子的运动。要理解风的成因，先要弄清两个关键的概念：空气和气压。空气的构成包括：氮分子（占空气总体积的78%）、氧分子（约占21%）、水蒸气和其他微量成分。所有空气分子以很快的速度移动着，彼此之间迅速碰撞，并和地平线上任何物体发生碰撞。

简单点说，风的产生是由于各地气压的差异。由于地面各处受太阳辐照后气温变化不同和空气中水蒸气的含量不同，因而引起各地气压的差异，在水平方向高压空气向低压地区流动，即形成风。

17世纪出现了气压表，指出空气有重量因而有压力这个事实，为人们寻找风的奥秘提供了开窍的钥匙。19世纪初，有人根据各地气压与风的观测资料，画出了第一张气压与风的分布图。

这种图不仅显示了风从气压高的区域吹向气压低的区域，而且还指明了风的行进路线并不直接从高气压区吹向低气压区，而是一个向右偏斜的角度。

100多年来，人们抓住气压与风的关系这一条从实践中得来的线索，进一步深入探究，总结出一套比较完整的关于风的理论。风朝什么地方吹？为什么风有时候刮起来特别迅猛有劲，而有时候却懒散无力，销声匿迹？这完全是由气压高低、气温冷暖等大气内部矛盾运动的客观规律支配着的。人们不仅用这种规律来解释风的起因，而且还用这些规律来预测风的行踪。

气压可以定义为：在一个给定区域内，空气分子在该区域施加的压力大小。一般而言，在某个区域空气分子存在越多，这个区域的气压就越大。相应来说，风是气压梯度力作用的结果。而气压的变化，有些是风暴引起的，有些是地表受热不均引起的，有些是在一定的水平区域上，大气分子被迫从气压相对较高的地带流向低气压地带引起的。

大部分显示在气象图上的高压带和低压带，只是形成了伴随我们的温和的微风。而产生微风所需的气压差仅占大气压力本身的1％，许多区域范围内都会发生这种气压变化。相对而言，强风暴的形成源于更大、更集中的气压区域的变化。

第二节 风向与风速

风是空气的运动，它的能量与其方向和速度有关，我们叫做风向与风速。

气象上把风吹来的方向确定为风的方向。因此，风来自北方叫做北风，风来自南方叫做南风。气象台站预报风时，当风向在某个方位左右摆动不能肯定时，则加以"偏"字，如偏北风。当风力很小时，则采用"风向不定"来说明。测定风向的仪器之一为风向标，它一般离地面 10 ~ 12 米高，如果附近有障碍物，其安置高度至少要高出障碍物 6 米以上，并且指北的短棒要正对北方。风向箭头指在哪个方向，就表示当时刮什么方向的风。

风速在我们的日常生活占有很重要的地位：不论是天气预报、航空及航海的作业、建造及土木工程都需要参考风速。高风速会引起不良的后果，而对于特定成因的高风速，我们都会给予专有的名词去辨别，例如烈风、飓风、台风等。

风速的测量用风速计，这是测量风速的一种仪表，空气流通过滤网后会产生一个压差，这个压差和气流的速度成正比，风速越大，压差就越大，根据两者之间的对应关系来标定风速。还有一种就是类似于流体力学中的文丘力管，气流冲击到测力板上，冲击力和风速成正比，根据冲击力来标定风速。

风速风向传感器

常用的风速表（风速计）有以下几种：

（1）旋转式风速表（风速计）；

（2）压力式风速仪：利用风的压力效应（风压与风速的平方成正比）来测量风速；

（3）热力式风速表：利用被加热物体散热速率与周围空气流速有关的特性测量风速；

（4）声学风速表：利用声波在大气中传播速度与风速之间的函数关系测量风速。

风速测量的误差较大，这主要是由风速表（风速计）的滞后效应所造成的。

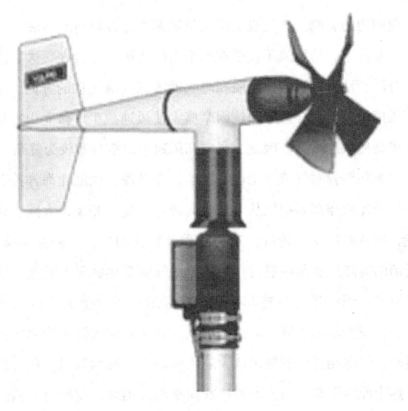

涡轮风速计

　　在赤道和低纬度地区，太阳高度角大，日照时间长，太阳辐射强度强，地面和大气接受的热量多、温度较高；在高纬度地区太阳高度角小，日照时间短，地面和大气接受的热量少，温度低。这种高纬度与低纬度之间的温度差异，形成了南北之间的气压梯度，使空气作水平运动，风应沿水平气压梯度方向吹，即垂直于等压线从高压向低压吹。地球在自转，使空气水平运动发生偏向的力，称为地转偏向力，这种力使北半球气流向右偏转，南半球向左偏转，所以地球大气运动除受气压梯度力外，还要受地转偏向力的影响。大气真实运动是这两力综合影响的结果。

实际上，地面风不仅受这两个力的支配，而且在很大程度上受海洋、地形的影响，山隘和海峡能改变气流运动的方向，还能使风速增大，而丘陵、山地因摩擦大使风速减少，孤立山峰却因海拔高使风速增大。因此，风向和风速的时空分布较为复杂。

海陆差异对气流运动也有影响，在冬季，大陆比海洋冷，大陆气压比海洋高是指风从大陆吹向海洋。夏季相反，大陆比海洋热，风从海洋吹向内陆。这种随季节转换的风，我们称为季风。所谓的海陆风也是白昼时，大陆上的气流受热膨胀上升至高空流向海洋，到海洋上空冷却下沉，在近地层海洋上的气流吹向大陆，补偿大陆的上升气流，低层风从海洋吹向大陆称为海风；夜间时，情况相反，低层风从大陆吹向海洋，称为陆风。在山区由于热力原因引起的白天由谷地吹向平原或山坡，夜间由平原或山坡吹向，前者称谷风，后者称为山风。这是由于白天山坡受热快，温度高于山谷上方同高度的空气温度，坡地上的暖空气从山坡流向谷地上方，谷地的空气则沿着山坡向上补充流失的空气，这时由山谷吹向山坡的风，称为谷风。夜间，山坡因辐射冷却，其降温速度比同高度的空气要快，冷空气沿坡地向下流入山谷，称为山风。

风是否永恒不变呢？美国爱荷华州大学大气学成立了研究小组，教授尤金·塔克尔经过研究后表示，自 1973 年以来，美国的平均风速和最大风速都出现了显著下降，在美国中西部和东部地区风速下降的趋势尤为明显。在美国中西部的某些地区，风速在 10 年当中减缓超过 10%，而当地的平均风速为 10 ~ 12 英里（16 ~ 19 千米）/时，除了风速下降，中西部无风或者微风的天数也骤然上升。研究认为，全球变暖可能导致了风速越来越慢，即风越来越小了。

随着全球变暖，地球两极变暖的速度比其他地区要快，已经有不少两极的气温记录都证明了这一点。这意味着两极和赤道的气温差距缩小，这又导致了两地大气压力差距的缩小，风自然也就小了。塔克尔教授称，有计算机模型计算出在未来 40 年内风速还将下降 10%，最高风速下降 10% 意味着可利用的风能可能减少 30%。研究小组称，现在还不能完全肯定地说全球变暖与风速减小有关，因为气候变化科学有一套严格精确的衡量方法，最终论证还需要时间。

我们所说的风能资源不能简单以风速来判断，而是使用风能密度这个概念，风能资源决定于风能密度和可利用的风能年累积小时数。风能密度是单位迎风面积可获得的风的功率，与风速的三次方和空气密度成正比关系。

风能密度是气流在单位时间内垂直通过单位面积的风能 $W = 0.5\rho v^3$ 瓦/米^2，是描述一个地方风能潜力的最方便最有价值的量，但是在实际当中风速每时每刻都在变化，不能使用某个瞬时风速值来计算风能密度，只有长期风速观察资料才能反映其规律，故引出了平均风能密度的概念。

第三节　风力等级

在气象台发布的天气预报中，我们常会听到这样的说法：风向北转南，风力2到3级。这里的"级"是表示风速大小的。

风速就是风的前进速度。相邻两地间的气压差愈大，空气流动越快，风速越大，风的力量自然也就大，所以通常都是以风力来表示风的大小。风速的单位用每秒多少米或每小时多少千米来表示。而发布天气预报时，大都用得是风力等级。

风力的级数是怎样定出来的呢？

1000多年以前的我国唐代，人们除了记载晴阴雨雪等天气现象之外，也有了对风力大小的测定。唐朝初期还没有发明测定风速的精确仪器，但那时已能根据风对物体征状，计算出风的移动速度并订出风力等级。李淳风的《现象玩占》里就有这样的记载："动叶十里，鸣条百里，摇枝二百里，落叶三百里，折小枝四百里，折大枝五百里，走石千里，拔大根三千里。"这就是根据风对树产生的作用来估计风的速度，"动叶十里"就是说树叶微微飘动，风的速度就是日行十里（1里＝500米）；"鸣条"就是树叶沙沙作响，这时的风速是日行百里。另外，还根据树的征状定出来的一些风级，如《乙已占》中所说，"一级动叶，二级鸣条，三级摇枝，四级坠叶，五级折小枝，六级折大枝，七级折木，飞沙石，八级拔大树及根"。这八级风，再加上"无风"、"和风"（风来时清凉，温和，尘埃不起，叫和风）两个级，可合十级。这些风的等级与国外传入的等级相比较，相差不大。这可以说是世界上最早的风力等级。

200 多年以前，风力大小仍没有测量的仪器，也没有统一规定，各国都按自己的方法来表示。当时英国有一个叫蒲福的人，他仔细观察了陆地和海洋上各种物体在大小不同的风里的情况，积累了 50 年的经验，才在 1805 年把风划成了 13 个等级。后来，又经过研究补充，才把原来的说明解释得更清楚了，并且增添了每级风的速度，便成了现在预报风力的"行话"。有些地方还把风力等级的内容编成了歌谣，以便记忆：

零级无风炊烟上；

一级软风烟稍斜；

二级轻风树叶响；

三级微风树枝晃；

四级和风灰尘起；

五级清风水起波；

六级强风大树摇；

七级疾风步难行；

八级大风树枝折；

九级烈风烟囱毁；

十级狂风树根拔；

十一级暴风陆罕见；

十二级飓风浪滔天。

风在每秒钟内所移动的距离——风速，其口诀是"从一直到九，乘2各级有"。意思是：从一级到九级风，各级分别乘2，就大致可得出该风的最大速度。譬如一级风的最大速度是2米/秒，二级风是4米/秒，三级风是6米/秒……依此类推。各级风之间还有过渡数字，比如一级风是1~2米/秒，二级风是2~4米/秒，三级风是4~6米/秒，如此类推。

其实，在自然界，风力有时是会超过十二级的。像强台风中心的风力，或龙卷风的风力，都可能比十二级大得多，只是十二级以上的大风比较少见，一般就不具体规定级数了。

第二章 是什么风在吹 ——风的种类

风大致可以分为两大类：①天文性质的风，起因于地球转动所形成的气流，称为行星风系；②地方性的风，是由地理环境所造成的，称为地方风。而地方风的种类很多，其中又以季候风的规模最大。众所周知，由于地球各纬度不同，所以太阳照射的角度，就有直射和斜射的分别，也因此各地温度和气压分布不均，再加上地球自转的因素，就形成地球上有不同的风带。它们包括低纬信风带、中纬西风带、极地东风带。这些也就是天文因素产生的行星风系。而季候风是由于海与陆、冬季与夏季，吸热和散热的不同而造成。冬天，大陆的冷高气压，会吹向海洋的暖低气压，所以是干燥寒冷的东北风。夏天刚好相反，风从海洋吹向陆地，所以是潮湿又酷热的东南风。风的种类很多，还有山风、谷风、烈风等。

第一节 季候风

由于大陆和海洋在一年之中增热和冷却程度不同，在大陆和海洋之间大范围的风向随季节有规律改变的风，称为季风。形成季风最根本的原因，是由于地球表面性质不同，热力反映有所差异引起的。由海陆分布、大气环流、大地形等因素造成的，表现为以一年为周期的大范围的冬夏季节盛行风向相反。

季风，在我国古代有各种不同的名称，如信风、黄雀风、落梅风。在沿海地区又叫舶风，所谓舶风即夏季从东南洋面吹至我国的东南季风。由于古代海船航行主要依靠风力，冬季的偏北季风不利于从南方来的船舶驶向大陆，只有夏季的偏南季风才能使它们到达中国海岸。当东南季风到达我国长江中下游时候，这里具有地区气候特色的梅雨天气便告结束，开始了夏季的伏旱。北宋苏东坡《船舶风》诗中有，"三时已断黄梅雨，万里初来船舶风"之句。在诗引中他解释说："吴中（今江苏的南部）梅雨既过，飒然清风弥间；岁岁如此，湖人谓之船舶风。是时海舶初回，此风自海上与舶俱至云尔。"诗中的"黄梅雨"又叫梅雨，是阳历六月至七月初长江中下游的连绵阴雨。"三时"指的是夏至后半月，即七月上旬。苏东坡诗中提到的七月上旬梅雨结束，而东南季风到来的气候情况，和现在的气候差不多。

现代人们对季风的认识有了进步，至少有三点是公认的：

（1）季风是大范围地区的盛行风向随季节改变的现象，这里强调"大范围"是因为小范围风向受地形影响很大；

（2）随着风向变换，控制气团的性质也产生转变，例如，冬季风来时感到空气寒冷干燥，夏季风来时空气温暖潮湿；

（3）随着盛行风向的变换，将带来明显的天气气候变化。

亚洲地区是世界上最著名的季风区，其季风特征主要表现为存在两支主要的季风环流，即冬季盛行东北季风和夏季盛行西南季风，并且它们的转换具有暴发性的突变过程，中间的过渡期很短。一般来说，11月至翌年3月为冬季风时期，6～9月为夏季风时期，4～5月和10月为夏、冬季风转换的过渡时期。但不同地区的季节差异有所不同，因而季风的划分也不完全一致。

季风活动范围很广，它影响着地球上1/4的面积和1/2人口的生活。西太平洋、南亚、东亚、非洲和澳大利亚北部，都是季风活动明显的地区，尤以印度季风和东亚季风最为显著。中美洲的太平洋沿岸也有小范围季风区，而欧洲和北美洲则没有明显的季风区，只出现一些季风的趋势和季风现象。

季风地区享有得天独厚的气候，那里的降水多半来自夏季风盛行时期。我国古代利用季风实施航海活动，取得过辉煌的成就。明代郑和下西洋，除了第一次夏季启航秋季返回外，其余六次都是在冬半年的东北季风期间出发，在西南季风期间归航。这充分说明了古人对风活动规律已经有了深刻的认识。

季风气候是指受季风支配地区的气候，最主要特征是一年中随同季风的旋转，降水发生明显的季节变化，东亚、南亚、东南亚为两个典型的季风气候区，但两者因纬度地理位置等的差异，季风气候亦各有特征。澳门是属于亚洲季风，支配大陆与海洋冬夏之间，气压高低形势不同，风向相反，风性各异，天气差别很大。每年约自四至八月受海洋气流控制，盛行东南、西南风，是夏季风；自九、十月至翌年二、三月受大陆气流控制，盛行北、西北、东北风，是冬季风。

第二节　台风

台风（或飓风）是产生于热带洋面上的一种强烈热带气旋。只是随着发生地点不同，叫法不同。印度洋和在北太平洋西部、国际日期变更线以西，包括南中国海范围内发生的热带气旋称为"台风"；而在大西洋或北太平洋东部的热带气旋则称"飓风"。也就是说，台风在欧洲、北美一带称"飓风"，在东亚、东南亚一带称为"台风"；在孟加拉湾地区被称作"气旋性风暴"；在南半球则称"气旋"。

台风经过时常伴随着大风和暴雨或特大暴雨等强对流天气。风向在北半球地区呈逆时针方向旋转（在南半球则为顺时针方向）。在气象图上，台风的等压线和等温线近似为一组同心圆。

飓风通常造成严重的建筑损毁，这幢位于美属维尔京群岛上的建筑已被夷为平地

台风中心为低压中心，以气流的垂直运动为主，风平浪静，天气晴朗；台风眼附近为漩涡风雨区，风大雨大。

台风的形成是热带海面受太阳直射而使海水温度升高，海水蒸发提供了充足的水汽，而水汽在抬升中发生凝结，释放大量潜热，促使对流运动的进一步发展，令海平面处气压下降，造成周围的暖湿空气流入补充，然后再抬升。如此循环，形成正反馈，在条件合适的广阔海面上，循环的影响范围将不断扩大，可达数百至上千千米。

由于地球由西向东高速自转，致使气流柱和地球表面产生摩擦，由于越接近赤道摩擦力越强，这就引导气流柱逆时针旋转

（南半球是顺时针旋转），由于地球自转的速度快而气流柱跟不上地球自转的速度而形成感觉上的西行，这就形成我们现在说的台风和台风路径。

在海洋面温度超过 26℃ 以上的热带或副热带海洋上，由于近洋面气温高，大量空气膨胀上升，使近洋面气压降低，外围空气源源不断地补充流入上升去。受地转偏向力的影响，流入的空气旋转起来。而上升空气膨胀变冷，其中的水汽冷却凝结形成水滴时，要放出热量，又促使低层空气不断上升。这样近洋面气压下降得更低，空气旋转得更加猛烈，最后形成了台风。

像台风这样如此巨大的庞然大物，其产生必须具备特有的条件。

（1）要有广阔的高温、高湿的大气。热带洋面上的底层大气的温度和湿度主要决定于海面水温，台风只能形成于海温高于 26℃～27℃ 的暖洋面上，而且在 60 米深度内的海水水温都要高于 26℃～27℃；

（2）要有低层大气向中心辐合，高层向外扩散的初始扰动，而且高层辐散必须超过低层辐合，才能维持足够的上升气流，低层扰动才能不断加强；

（3）垂直方向风速不能相差太大，上下层空气相对运动很小，才能使初始扰动中水汽凝结所释放的潜热能集中保存在台风眼区的空气柱中，形成并加强台风暖中心结构；

（4）要有足够大的地转偏向力作用，地球自转作用有利于气旋性涡旋的生成。地转偏向力在赤道附近接近于零，向南北两极增大，台风基本发生在大约离赤道5个纬度以上的洋面上。

台风的形成

台风形成后，有3个主要部分：

（1）风眼——气旋的中心，气压低且风平浪静；

（2）风眼墙——风眼周围的区域，这里的风最快最强；

（3）雨带——从风眼向外旋转的雷暴带，是维持风暴的蒸发、冷凝循环的一部分。

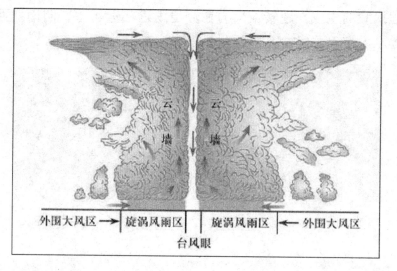

台风的结构图

　　台风源地分布在西北太平洋广阔的低纬洋面上。西北太平洋热带扰动加强发展为台风的初始位置，在经度和纬度方面都存在着相对集中的地带。在东西方向上，热带扰动发展成台风相对集中在4个海区：

　　（1）中国南海海区；

　　（2）菲律宾群岛以东、琉球群岛、关岛等附近海面（最重要的台风发源地）；

　　（3）马里亚纳群岛附近海面；

　　（4）马绍尔群岛附近海面。

　　台风分级

　　在热带洋面上生成发展的低气压系统称为热带气旋。国际上以其中心附近的最大风力来确定强度并进行分类。

台风级别

（1）超强台风：底层中心附近最大平均风速大于51.0米/秒，也即16级或以上。

（2）强台风：底层中心附近最大平均风速41.5～50.9米/秒，也即14～15级。

（3）台风：底层中心附近最大平均风速32.7～41.4米/秒，也即12～13级。

（4）强热带风暴：底层中心附近最大平均风速24.5～32.6米/秒，也即风力10～11级。

（5）热带风暴：底层中心附近最大平均风速17.2～24.4米/秒，也即风力8～9级。

（6）热带低压：底层中心附近最大平均风速10.8～17.1米/秒，也即风力为6～7级。

台风移动的方向和速度取决于作用于台风的动力，动力分内力和外力两种。内力是台风范围内因南北纬度差距所造成的地转偏向力差异引起的向北和向西的合力，台风范围愈大，风速愈强，内力愈大。外力是台风外围环境流场对台风涡旋的作用力，即北半球副热带高压（简称副高）南侧基本气流东风带的引导力。内力主要在台风初生成时起作用，外力则是操纵台风移动的主导作用力，因而台风基本上自东向西移动。由于副高的形状、位置、强度变化以及其他因素的影响，致台风移动路径并非规律一致而变得多种多样。以北太平洋西部地区台风移动路径为例，

风力

其移动路径大体有 3 条：

（1）西进型：台风自菲律宾以东一直向西移动，经过南海最后在中国海南岛、广西或越南北部地区登陆，这种路线多发生在北半球冬、春两季。当时北半球副高偏南，所以台风生成纬度较低，路径偏南，一般只在北纬 16°以南进入南海，最后在越南登陆，波及泰、柬、缅等国，甚至进入孟加拉湾。

（2）登陆型：台风向西北方向移动，先在台湾岛登陆，然后穿过台湾海峡，在中国广东、福建、浙江沿海再次登陆，并逐渐减弱为热带低压。这类台风对中国的影响最大。

（3）抛物线型：台风先向西北方向移动，当接近中国东部沿海地区时，不登陆而转向东北，向日本附近转去，路径呈抛物线形状，这种路径多发生在 5 ~ 6 月和 9 ~ 11 月。最终大多变性为温带气旋。

台风形成后，一般会移出源地并经过发展、成熟、减弱和消亡的演变过程。一个发展成熟的台风，气旋半径一般为 500 ~ 1000 千米，高度可达 15 ~ 20 千米，台风由外围区、最大风速区和台风眼三部分组成。外围区的风速从外向内增加，有螺旋状云带和阵性降水；最强烈的降水产生在最大风速区，平均宽 8 ~ 19 千米，它与台风眼之间有环形云墙；台风眼位于台风中心区，呈圆形或椭圆形，直径约 10 ~ 70 千米，平均约 45 千米。台风眼区的风速、气压均为最低，天气表现为无风、少云和干暖。随着台风的加强，台风眼会逐渐缩小、变圆。而弱台风以及发展初期的台风，在卫星云图上常无台风眼（但是有时会出现低空台风眼）。

西北太平洋常见几种异常路径：根据异常台风路径对我国的影响，通常将异常路径分为8种型式：

（1）黄海台风西折——其主要特点是台风沿东经125°附近北上到黄海时突然西折，袭击辽鲁冀三省沿海，而正常路径是在这一带向东北方向转向的。

（2）南海台风北翘——这类台风主要特点是到南海北部急转，沿经线方向北上，正面袭击广东省。正常路径是在南海北部继续西移，登陆我国广东西部、海南岛或越南。

（3）倒抛物线路径——倒抛物线与抛物线路径相反，它将折向偏西或西南方向移动，有少数在我国华东登陆。正常路径是向西北方向移动或成抛物线向东北方向转向。

（4）回旋路径（又称作"藤原现象"）——当两个台风距离足够接近时，在太平洋上常见到互相作逆时针方向回旋，并存在互相吸引的趋势。日本气象学家藤原曾对此做过实验，并指出其间相互吸引的作用。

（5）蛇形路径——当台风在前进过程中，同时出现左右来回摆动，表现成一条蛇形路径。预报时，每一次摆动，都可能引起预报结论的混乱，或随实况不断地改变预报结论。

（6）顺时针打转——台风打转是其移向急变的一种方式，打转以后往往选择一条新的路径移动，使原来的预报失败。顺时针打转一般发生在基本流场很弱的环境里。

（7）逆时针打转——有一部分逆时针打转发生在几种基本气流并相互作用的环境里，这和顺时针打转基本气流很微弱的环境不同。

（8）高纬正面登陆——这类台风生成以后一直朝西北方向移动，登陆朝鲜和我国辽宁、山东一带。这类路径很稳定，但概率很小。在同一个经度上，这种路径比正面登陆我国华东的路径要偏北 10～15 个纬度。

台风编号

中国把进入东经 180°以西、赤道以北、近中心最大风力大于 8 级的热带气旋，按每年出现的先后顺序编号，这就是我们从广播、电视里听到或看到的"今年第 × 号台风（热带风暴、强热带风暴）"。

台风的编号也就是热带气旋的编号。人们之所以要对热带气旋进行编号，一方面是因为一个热带气旋常持续一周以上，在大洋上同时可能出现几个热带气旋，有了序号，就不会混淆；另一方面是由于对热带气旋的命名、定义、分类方法以及对中心位置的测定，因不同国家、不同方法互有差异，即使同一个国家，在不同的气象台之间也不完全一样，因而，常常引起各种误会，造成了使用上的混乱。

我国从 1959 年起开始对每年发生或进入赤道以北、180°经线以西的太平洋和南海海域的近中心最大风力大于或等于 8 级的

热带气旋（强度在热带风暴及以上）按其出现的先后顺序进行编号，近海的热带气旋，当其云系结构和环流清楚时，只要获得中心附近的最大平均风力为 7 级及以上的报告，也进行编号，编号由四位数码组成。前两位表示年份，后两位是当年风暴级以上热带气旋的序号。

如 2003 年第 13 号台风"杜鹃"，其编号为 0313，表示的就是在 2003 年发生的第 13 个风暴级以上热带气旋。热带低压、热带扰动均不采用热带气旋编号。当热带气旋衰减为热带低压、或变性为温带气旋时则停止对其编号。

但由于热带扰动是热带风暴的前身，为了对其研究和追踪，有一套独特的编号方式。例如：西北太平洋的扰动从"90W"到"99W"循环编号。在不同的大洋，热带扰动采用不同的后缀：

西北太平洋——W

中太平洋——C

东北太平洋——E

北大西洋——L

孟加拉湾——B

阿拉伯海——A

南太平洋——P

南大西洋和南印度洋——S

对于热带低压，则与热带扰动共用上述后缀，按每年出现的先后顺序编号。例：2006 年西北太平洋生成的第一个热带低压编

号为01W。

台风命名

人们对台风的命名始于20世纪初，据说，首次给台风命名的是20世纪早期的一个澳大利亚预报员，他把热带气旋取名为他不喜欢的政治人物，借此，气象员就可以公开地戏称它。在西北太平洋，正式以人名为台风命名始于1945年，开始时只用女人名，以后据说因受到女权主义者的反对，从1979年开始，用一个男人名和一个女人名交替使用。直到1997年11月25日至12月1日，在香港举行的世界气象组织（简称WMO）台风委员会第30次会议决定，西北太平洋和南海的热带气旋采用具有亚洲风格的名字命名，并决定从2000年1月1日起开始使用新的命名方法。新的命名方法是事先制定的一个命名表，然后按顺序年复一年地循环重复使用。命名表共有140个名字，分别由WMO所属的亚太地区的柬埔寨、中国、朝鲜、中国香港、日本、老挝、中国澳门、马来西亚、密克罗尼西亚、菲律宾、韩国、泰国、美国以及越南等14个成员国和地区提供，每个国家或地区提供10个名字。这140个名字分成10组，每组的14个名字，按每个成员国英文名称的字母顺序依次排列，按顺序循环使用，即西北太平洋和南海热带气旋命名表。同时，保留原有热带气旋的编号。具体而言，每个名字不超过9个字母；容易发音；在各成员语言中没有不好的意义；不会给各成员带来任何困难；不是商业机构的名字；选取的名字应得到全体成员的认可，如有任何一成员反对，这个名称就不能用作台风命名。

一般情况下，事先制定的命名表按顺序年复一年地循环重复使用，但遇到特殊情况，命名表也会做一些调整，如当某个台风造成了特别重大的灾害或人员伤亡而声名狼藉，成为公众知名的台风后，为了防止它与其他的台风同名，便从现行命名表中将这个名字删除，换以新名字。台风命名表最近一次的修改是在 2000 年台风委员会第 33 届会议上作出的，该表从 2002 年 1 月 1 日开始实施。

中国的台风

台风是发生在热带海洋上强烈的气旋性涡旋。中国南海北部、台湾海峡、台湾省及其东部沿海、东海西部和黄海均为台风通过的高频区。

影响中国沿海的台风年均有 20.2 个，登陆 7.4 个（1949～1979 年统计）。1～4 月中国无台风登陆，5～6 月中国杭州湾以南沿海均有受台风影响的可能，出现最多的路径在北纬 10°～15°之间西移，再经琉球群岛附近海面转向日本；另一条则西移进入南海北部。7～8 月中国沿海均有受台风影响的可能。9～10 月中国受台风影响的地区，主要在长江口以南。出现最多的路径在北纬 15°～20°之间西移，以后转向东北影响日本；另一条路径继续西移进入南海影响越南和广东省。9 月份时，介于这两条路径之间的还有一条影响台湾和福建两省的路径。11～12 月中国仅广东珠江口以西地区偶尔受台风影响。

综上所述，华南沿海受台风袭击的频率最高，占全年总数的 60.4%，登陆的频数高达 58.1%；次为华东沿海，约 37.5%。登陆台风主要出现在 5～12 月，而以 7～9 月最多，约占全年总数的 76.4%，是台风侵袭中国的高频季节。

台风的强度随季节变化而有差异。最大风速大于 50 米/秒的特强台风出现次数的频率以 9 月份为最多，其次为 10 月，再次是 11 月和 8 月。

中国是世界上少数几个受台风影响严重的国家之一。台风带来的强风、暴雨和风暴潮对人民生命财产威胁严重。登陆中国的台风，8 月在台湾省平均最大风速达 43 米/秒，其他月份在台湾也均达强台风等级。其次是 8 月份在浙江登陆的，平均最大风速为 41 米/秒。在广东登陆的台风虽然最多，但其平均最大风速并不强。10 月份登陆海南岛的台风较强，平均最大风速为 36 米/秒。登陆福建的台风，常先经台湾省受到削弱，登陆台风较强的出现在 9 月，平均最大风速达 31 米/秒。

中国各省、市、自治区除新疆外，均直接或间接受台风影响而产生暴雨。中国近海 15 个省市中，11 个省市最大雨量的影响系统是台风。台风降雨也有其有利农业生产一面，可解除干旱或缓和旱象。台风雨是中国降水系统之一。东南沿海各省的台风降水约占全年总量的 20%～30%，7～9 月则可达 1/2 以上。

台风过后的小镇

由于台风区的强风、气压特低和中国沿海有广阔的大陆架及浅海区，很有利于风暴潮的发展。

下面介绍 21 世纪以来登陆中国的几个大台风。

2002 年"森拉克"台风

"森拉克"于 8 月 28 日生成于关岛以东洋面上，生成后先向西北方向移动，同时强度也在加强，然后折向偏西，并增强至台风级。此后它基本沿着北纬 25°一直偏西行，于 9 月 7 日傍晚在浙江苍南登陆，登陆时中心最大风速达到 37 米/秒，然后稍向南转进入福建省内，最后消失在江西省境内。该台风生命史长，维持台风级时间居然长达 8 天之久。受台风"森拉克"的影响，又逢天文大潮期，钱塘江出现风、雨、潮三碰头。钱塘江第一大潮创了最高潮位 11.2 米的新纪录。这是自 1949 年钱塘江围垦以来，天文潮与风暴潮相遇最大的一次潮位。由此带来的大风大雨给浙江、福建部分地区造成直接经济损失高达 75 亿多元。

2003 年"杜鹃"台风

"杜鹃"是一个由中国提供名称的台风，因此对它也有着一丝特殊的感情。这么传统的名字却蕴藏着巨大的威力：2003 年对我国影响最大的一个台风。它于 8 月 28 日在西北太平洋上生成，当月 30 日增强为热带风暴，并向西北移动，31 日达到台风级，并移向台湾南部海域——正同它名字一样，此时的台风如一朵美丽的杜鹃花般，完美地绽放开来。"杜鹃"横过台湾以南海域向西推进趋向广东海域，到 9 月 2 日晚上先后经历了 3 次海陆交替的过程（惠东、深圳和中山），不能很快深入陆地减弱，所以强度较强、风力也比较大，致使我国华南沿海地区持续大风，广东中部、西南部出现了暴雨天气。在次日的凌晨减弱为强热带风暴后继续西行，9 月 3 日早上减弱为热带低压，它行进到广西境内后消失。"杜鹃"对福建、广东、广西造成了严重的经济损失。"杜鹃"这一台风名称也不再使用，专指这个超级台风。

2006 年"珍珠"台风

台风"珍珠"是 2006 年第一个登陆我国的台风。可谁能想到，这温润的名字下，竟然是中国有台风记录以来年度登陆时间最早、风力最强、移动路径也最怪的台风，堪比魔鬼。5月9日晚在西北太平洋洋面上生成的台风，中心附近最大风力有8级，尔后它以27.78米/秒左右的速度向西北方向缓慢移动，强度渐长。15日凌晨增至强台风级别，且台风眼从卫星云图上清晰可见。"珍珠"不但强度大，而且影响范围极广。台风直径保持在1000千米以上，其逆时针方向旋转的螺旋云系几乎覆盖整个南海海面，狂风暴雨给南海带来了惊涛巨浪。"珍珠"移动路径怪异，生成时一直沿西北方向移动，13日进入南海海面，然后沿偏西方向移动，但当台风中心15日上午到达南海中部海面时，却突然向右来了个90°大拐弯，越来越接近粤东沿海。18日凌晨2时在广东省沿海登陆后，它继续向北偏东方向移动，凌晨3时前后进入福建省境内，凌晨4时在同地减弱为强热带风暴并逐渐消失。"珍珠"以其早、强、怪的特点，让广东、福建沿海的人们遭受了巨大的灾难。

2007年"圣帕"台风

2007年登陆中国最强的台风当属超级台风"圣帕"，中心最大风力达到15级左右，其在我国境内活动时间之长和威力之大为历年来罕见。2007年8月11日，台风"帕布"的残余还在肆虐华南沿海，但在这时，西北太平洋洋面的一大块热带云团中，已开始孕育一个襁褓。12日它已经变身成热带低压。8月13日2

时，婴儿"圣帕"诞生，并迅速加强为强热带风暴，西南偏西方向移动后于 15 日 20 时加强为超级台风并转向西北，直扑台湾岛。在"圣帕"的能量积蓄了 3 天后，它的颠峰时刻到来了：16 日 14 时风力达 17 级以上。这个超级台风的旺盛势力持续了十多个小时，到 17 日下午，居然在云团中出现了两只眼睛，而这时风力仍高达 16 级。次日清晨登陆台湾岛后，狂扫数小时于傍晚进入台湾海峡，再次扑向福建沿海，导致该地暴雨狂泻，夜间的风雨程度愈演愈烈，直到 20 日早上才消失在江西省境内。"双眼圣帕"的生命维持了一周，它的一生是充满惊奇的：最强风速曾达到 65 米/秒，可见吸收了西北太平洋多大的能量！当然，它也是 2007 年唯一的双风眼台风。

台风防患事项

提示一　千万别下海游泳

台风来时海滩助潮涌，大浪极其凶猛，在海滩游泳是十分危险的，所以千万不要去下海。

提示二　受伤后不要盲目自救请拨打120

台风中外伤、骨折、触电等急救事故最多。外伤主要是头部外伤，被刮倒的树木、电线杆或高空坠落物如花盆、瓦片等击伤。电击伤主要是被刮倒的电线击中，或踩到掩在树木下的电线。不要打赤脚，穿雨靴最好，防雨同时起到绝缘作用，预防触电。走路时观察仔细再走，以免踩到电线。通过小巷时，也要留心，因为围墙、电线杆倒塌的事故很容易发生。高大建筑物下注意躲避高空坠物。发生急救事故，先打120，不要擅自搬动伤员或自己找车急救。搬动不当，对骨折患者会造成神经损伤，严重时会发生瘫痪。

提示三　请尽可能远离建筑工地

居民经过建筑工地时最好稍微保持点距离，因为有的工地围墙经过雨水渗透，可能会松动；还有一些围栏，也可能倒塌；一些散落在高楼上没有及时收集的材料，譬如钢管、榔头等，说不定会被风吹下；而有塔吊的地方，更要注意安全，因为如果风大，塔吊臂有可能会折断。还有些地方正在进行建筑立面整治，人们在经过脚手架时，最好绕行，不要往下面走。

提示四　一定要出行建议乘坐火车

在航空、铁路、公路三种交通方式中，公路交通一般受台风影响最大。如果一定要出行，建议不要自己开车，可以选择坐火车。

提示五　为了自己和他人安全请检查家中门窗阳台

台风来临前应将阳台、窗外的花盆等物品移入室内，切勿随意外出，家长关照自己孩子，居民用户应把门窗捆紧栓牢，特别应对铝合金门窗采取防护，确保安全。市民出行时请注意远离迎风门窗，不要在大树下躲雨或停留。

第三节 龙卷风

龙卷风是一种猛烈旋转的、移动范围不大的圆形空气柱式气流。近看像一根擎天大柱，远看犹如大象的鼻子，所以人们又形象地称龙卷风为"象鼻"。它下触地面，上端与雷雨云相接，上粗下细。空气柱直径绝大多数不超过 1.5 千米，移动距离在几米、几十米到几十千米之间，也有更远的。

龙卷风

龙卷风的形成与雷雨云有关。在雷雨云里面上下温差悬殊，接近地面温度是 20℃ 左右，而在雷雨云顶部 8000 多米的高空，气温低到零下 30℃ 左右。这就造成冷空气急速下降，热空气猛烈上升，上下层空气不断地强烈扰动，形成许多小漩涡。气流上下对流，扰动越来越强，小漩涡逐渐扩大、增强，最后便形成为下连地、上冲天的大漩涡——龙卷风。它把地面上的尘土、沙石、垃圾、废弃物通通吸起来，卷入空气柱中，这就成了十分显眼的尘柱——"象鼻"。

龙卷风产生于强烈不稳定的积雨云中。它的形成与暖湿空气强烈上升、冷空气南下、地形作用等有关。它的生命史短暂，一般维持十几分钟到一二小时，但其破坏力惊人，能把大树连根拔起，建筑物吹倒，或把部分地面物卷至空中。

龙卷风中心气压很低，它具有很大的吸吮作用，可把海（湖）水吸离海（湖）面，形成水柱，然后同云相接，俗称"龙取水"。在龙卷风扫过的地方，犹如一个特殊的吸泵一样，往往把它所触及的水和沙尘、树木等吸卷而起，形成高大的柱体，这就是过去人们所说的"龙倒挂"或"龙吸水"。当龙卷风把陆地上某种有颜色的物质或其他物质及海里的鱼类卷到高空，移到某地再随暴雨降到地面，就形成"鱼雨"、"血雨"、"谷雨"、"钱雨"了。

龙卷风的形成可以分为 4 个阶段：

（1）大气的不稳定性产生强烈的上升气流，由于急流中的最大过境气流的影响，它被进一步加强。

（2）由于与在垂直方向上速度和方向均有切变的风相互作

用，上升气流在对流层的中部开始旋转，形成中尺度气旋。

（3）随着中尺度气旋向地面发展和向上伸展，它本身变细并增强。同时，一个小面积的增强辅合，即初生的龙卷在气旋内部形成，产生气旋的同样过程，形成龙卷核心。

（4）龙卷核心中的旋转与气旋中的不同，它的强度足以使龙卷一直伸展到地面。当发展的涡旋到达地面高度时，地面气压急剧下降，地面风速急剧上升，形成龙卷。

龙卷风常发生于夏季的雷雨天气时，尤以下午至傍晚最为多见。袭击范围小，龙卷风的直径一般在十几米到数百米之间。龙卷风的生存时间一般只有几分钟，最长也不超过数小时。风力特别大，在中心附近的风速可达 100～200 米/秒，破坏力极强。

龙卷风出现时，往往不止一个。有时从同一块积雨云中可以出现 2 个，甚至 2 个以上的"象鼻"——漏斗云柱。只是有的"象鼻"刚刚开始下伸，有的"象鼻"下端却已经接地或在接地后正在缩回云中，也有的在云底伸伸缩缩、始终不垂到地面。

龙卷风的范围小，直径平均为 200～300 米；直径最小的不过几十米，只有极少数直径大的才达到 1000 米以上。其移动速度平均 15 米/秒，最快的可达 70 米/秒；移动路径的长度大多在 10 千米左右，短的只有几十米，长的可达几百千米以上。它造成破坏的地面宽度，一般只有 1～2 千米。

龙卷风的脾气极其粗暴。在它所到之处，吼声如雷，强的犹如飞机机群在低空掠过。这可能是由于涡旋的某些部分风速超过

龙卷风

声速，因而产生小振幅的冲击波。龙卷风里的风速究竟有多大，人们还无法测定，因为任何风速计都经受不住它的摧毁。一般情况，风速可能在50~150米/秒，极端情况下，甚至达到300米/秒或超过声速。

当龙卷风扫过建筑物顶部或车辆时，由于它的内部气压极低，造成建筑物或车辆内外强烈的气压差，倾刻间就会使建筑物或交通车辆发生"爆炸"。如果龙卷风的爆炸作用和巨大风力共同施展威力，那么它们所产生的破坏和损失将是极端严重的。

但是，在通常的情况下，如果龙卷风经过居民点，天空中便飞舞着砖瓦、断木等碎物，因风速很大也能使人、畜伤亡，并将树木和电线杆砸成窟窿。就是一粒粒的小石子，也宛如枪弹似的，能穿过玻璃而不使它粉碎。

据统计，每个陆地国家都出现过龙卷风，其中美国是发生龙卷风最多的国家。加拿大、墨西哥、英国、意大利、澳大利亚、新西兰、日本和印度等国，发生龙卷风的机会也很多。我国龙卷风主要发生在华南和华东地区，它还经常出现在南海的西沙群岛上。

我国出现龙卷风的次数虽少，但龙卷风对于某些地区的影响较为严重。在我国，龙卷风主要发生在江苏、上海、安徽、浙江、山东、湖北、广东等地。其中，长江三角洲是龙卷风发生最多的地区，江苏省高邮市被称为中国的"龙卷风之乡"。

龙卷风之乡——美国

龙卷的袭击突然而猛烈，产生的风是地面上最强的。在美国，龙卷风每年造成的死亡人数仅次于雷电。它对建筑的破坏也相当严重，经常是毁灭性的。据气象资料显示，美国平均每天有5个龙卷风发生，每年有1000～2000个龙卷风。美国的龙卷风不仅数量多，而且强度大。故而美国常被称为"龙卷之乡"。

美国易受龙卷风袭击既跟大气环流特征有关，亦与美国的地理位置有关。

（1）美国东濒大西洋，西靠太平洋，南面又有墨西哥湾，而且主要地处中纬度，春夏季常受副热带高压控制，故而每逢春夏季节，大量的水汽不断从东、西、南面流向美国大陆。水汽多，

2004 年 5 月发生在美国堪萨斯州的一次龙卷风

雷雨云就容易发生发展。当雷雨云发展到一定强度后，就会产生龙卷风。

（2）美国地形东西向呈 U 形，西边的科迪勒拉山系与东部的阿巴拉契亚山脉、拉布拉多高原构成了两道围墙，使中部的密西西比河流域构成一个盆地，5 月份副热带高气压控制美国之际，来自大西洋、太平洋和墨西哥湾的暖湿水汽便集中在美国中西部的堪萨斯、内布拉斯加、俄克拉何马、南达科他一带，且最终形成龙卷风。

（3）据近 50 年来的统计，美国上空发生龙卷风的次数至少增加了 35 倍，而且没有龙卷云的"无云龙卷"占了美国龙卷风的 1/2 左右。一些科学家认为，美国的"无云龙卷"和汽车数量增多密切相关。现在美国公路干线上经常运行的汽车近 300 万辆，美国交通实行右侧道行，每当高速运行的两车错车时，就会形成逆时针方向的空气漩涡。数百万辆汽车产生的空气旋涡叠加起来，就会形成一股强大的漩涡，一旦遇到有利的天气系统和大气温湿条件，亦可能诱发龙卷风。

圣路易斯龙卷风造成的毁坏

美国龙卷风最多的地区是中西部，其中一半都发生在春季。美国中部地区 11 月发生如此严重的龙卷风很罕见，龙卷风高发期一般是每年的 4~6 月。从 6 月份开始，大量暖湿空气北移至堪萨斯州、内布拉斯加州和衣阿华州，7 月份移到加拿大，此后，美国的龙卷风数量就大大减少，但仍会有龙卷风出现。统计数据显示，美国每年约有 70 人在龙卷风中丧生。美国有个地区经常会受到龙卷风的侵袭，这就是美国的"龙卷风巷"，它由得克萨斯州一直延伸到内布拉斯加。

龙卷风的防范措施

（1）最安全的地方是由混凝土建筑的地下室。

龙卷风有跳跃性前行的特点，往往是一会儿着地又一会儿腾空。人们还发现，龙卷风过后会留下一条狭窄的破坏带，在破坏带旁边的物体即使近在咫尺也安然无恙，所以人们在遇到龙卷风时，要镇定自若，积极想法躲避，切莫惊慌失措。要知道混凝土建筑的地下室才是最安全的地方。当然，地下室不是随处都有，但人应尽量往低处走，尤其不能呆在楼房上面。另外，相对来说，小房屋和密室要比大房间安全。

（2）寻找与龙卷风路径垂直方向的低洼区藏身。

有人如果正巧乘汽车在野外遇到了龙卷风，那是非常危险的。因为龙卷风不仅可以将沿途的汽车和人吸起"吞食"，还能使汽车内外产生很大的气压差而引起爆炸，所以这时车上的人应火速弃车奔向附近的掩蔽处。倘若已经来不及逃远，也应当机立断，迅速找一个与龙卷风路径垂直方向的低洼区（如田沟）隐身。龙卷风总是"直来直去"，好像百米冲刺的运动员一样，它要急转弯是十分困难的。

（3）跑进靠近大树的房屋内躲避。

至今为止，人们只见到大树被龙卷风连根拔起或拦腰折断而未发现被"抛"到远处，这大概是树木有一定的挡风作用吧。1985 年 6 月 27 日，内蒙古农民丁凤霞家一棵直径 1 米多粗、高 10 多米的大树被龙卷风连根拔起，附近另两棵大树也被折断，而距离大树 3 米远的房屋却秋毫无损，但距离她家 30 米远处的 6 间新盖砖瓦房因旁边未植树而遭毁。由此可见，房前屋后多植树可抵御龙卷风袭击。

紧急防范建议提示：

（1）在家时，务必远离门、窗和房屋的外围墙壁，躲到与龙卷风方向相反的墙壁或小房间内抱头蹲下。躲避龙卷风最安全的地方是地下室或半地下室。

（2）在电线杆倒、房屋塌的紧急情况下，应及时切断电源，以防止电击人体或引起火灾。

（3）在野外遇龙卷风时，应就近寻找低洼地伏于地面，但要远离大树、电杆，以免被砸、被压和触电。

（4）汽车外出遇到龙卷风时，千万不能开车躲避，也不要在汽车中躲避，因为汽车对龙卷风几乎没有防御能力，应立即离开汽车，到低洼地躲避。

龙卷风的分级

龙卷风的分级是由藤田级数划分，由芝加哥大学的美籍日裔气象学家藤田哲也于 1971 年所提出。

等级 F0 风速 <32 米/秒出现概率 29%

受害状况程度轻微。表现为：烟囱、树枝折断，根系浅的树木倾斜，路标损坏等。

等级 F1 风速 33～49 米/秒出现概率 40%

受害状况程度中等。表现为：房顶被掀走，可移动式车房被掀翻，行驶中的汽车刮出路面等。

等级 F2 风速 50～69 米/秒出现概率 24%

受害状况程度较大。表现为：木板房的房顶墙壁被吹跑，可移动式车房被破坏，货车脱轨或掀翻，大树拦腰折断或整棵吹倒。轻的物体刮起来后像导弹一般，汽车翻滚。

等级 F3 风速 70～92 米/秒出现概率 6%

受害状况程度严重。表现为：较结实的房屋的房顶墙壁刮跑，列车脱轨或掀翻，森林中大半的树木连根拔起。重型汽车刮离地面或刮跑。

等级 F4 风速 93～116 米/秒出现概率 2%

受害状况破坏性灾害。表现为：结实的房屋如果地基不十分坚固将被刮出一定距离，汽车像导弹一般刮飞。

等级 F5 风速 117～141 米/秒出现概率 <1%

受害状况毁灭性灾难。表现为：坚固的建筑物也能刮起，大型汽车如导弹喷射般掀出超过百米。树木刮飞，是让人难以想象的大灾难。电影《龙卷风》（Twister）中将 F5 级龙卷风称为"上帝之指"，意指上帝用其手指翻弄地球。总之，其横扫之处无

所幸免。

第四节 其他类型的风

  风的种类有很多种，微风、柔风、清风、阵风、狂风、旋风、焚风等。有些种类的风从字面上不是很容易理解，有必要分别进一步地解释一下。

  阵风是指风速在短暂时间内，有突然出现忽大忽小变化的风。在气象中，阵风通常是指"瞬间极大风速"。阵风为什么风力通常比较大呢？

  阵风的产生，是空气扰动的结果。我们知道，流体在运动中，流过固体表面时，会遇到来自固体表面的阻力，使流体的流速减慢。空气是流体的一种，当空气流经地面时，由于地面对空气发生了阻力，低层风速减小，而上层不变，这就使空气发生扰动。它不仅前进，且会下降。有时在空气流经的方向上，因为有丘陵、建筑物和森林等障碍物阻挡而产生回流，这就会造成许多不规则的涡旋。这种涡旋会使空气流动速度产生变化。当涡旋的流动方向与总的空气流动方向一致时，就会加大风速；相反，则会减小风速，所以风速时大时小。当涡旋与空气流动方向一致而加大风速时，会产生瞬时极大风速，这就是阵风。

  过强的阵风极易造成灾害。一般来说，阵风的风速，要比平均风速大 50%，甚至更高。平均风速愈大，地表面愈粗糙，阵风风速超过平均风速的百分率就越大。一次阵风到达最大风速后，约过 1~2 秒钟，风速就会小于平均风速的 1/2，然后再出现另一次最大风速。这样，地面上所吹的风就是一阵阵的了。

旋风是打转转的空气涡旋，是由地面挟带灰尘向空中飞舞的涡旋，这种涡旋正是我们平常看到的旋风，它是空气在流动中造成的一种自然现象。

当空气围绕地面上像树木、丘陵、建筑物等不平的地方流动时、或者空气和地面发生摩擦时，要急速地改变它的前进方向，于是就会产生随气流一同移动的涡旋，这就刮起了旋风。但是，这种旋风很少，也很小。

旋风形成的最主要原因，是当某个地方被太阳晒得很热时，这里的空气就会膨胀起来，一部分空气被挤得上升，到高空后温度又逐渐降低，开始向四周流动，最后下沉到地面附近。这时，受热地区的空气减少了，气压也降低了，而四周的温度较低，空气密度较大，加上受热的这部分空气从空中落下来，所以空气增多，气压显著加大。这样，空气就要从四周气压高的地方，向中心气压低的地方流来，跟水往低处流一样。但是，由于空气是在地球上流动，而地球又是时刻不停地从西向东旋转，那么空气在流动过程中就要受地球转动的影响，逐渐向右偏去（原来的北风偏转成东北风，南风偏转成西南风，西风偏转成西北风，东风偏转成东南风）。于是从四周吹来的较冷空气，就围绕着受热的低气压区旋转起来，成为一个和钟表时针转动方向相反的空气涡旋，这就形成了旋风。

旋风

这种旋风的中心，由于暖空气不断上升，加上四周的空气不断旋转，所以很容易把地面上的尘土、树叶、纸屑等卷到空中，并随空气的流动而旋转飞舞。如果旋风的势力较强，有时会把地面上的一些小动物，如小蛇、小虫等卷到空中去，在尘沙弥漫中随风前往。

一般小旋风的高度不太大，当它受到地面的摩擦或房屋、树木等的阻挡时，就渐渐消散变成普通的风。

也许有人还会问：既然地面受热就容易起旋风，那夏天比春天还热，为什么夏天旋风少而春天旋风多呢？这是原因夏天天气虽然很热，但是地面的草木青青，土地湿润，气温相差不大，所以夏天很少刮旋风。可是，在春天，树叶还没有全长出来，草也刚发芽，庄稼地是一片光光的，处处没遮没挡，这就容易晒热，使地面上空气的温度变化较大，就容易刮旋风。

旋风能挟带灰尘、乱纸向空中飞舞，当然也能把地面的热量、水汽等带到空中，所以，它造成了空气的热量、水汽等的垂直混合，使空气中热量和水汽等的垂直分布均匀。但在地面附近旋风很小，垂直交换作用不大，因此在紧贴地面气层中形成了特殊的小气候。

另外，发生在南半球及北印度洋的强热带气旋也叫旋风。

焚风是出现在山脉背面，由山地引发的一种局部范围内的空气运动形——过山气流在背风坡下沉而变得干热的。

焚风一种地方性风。焚风往往以阵风形式出现，从山上沿山坡向下吹。焚风这个名称来自拉丁语中的 favonius（温暖的西风），最早主要用来指越过阿尔卑斯山后在德国、奥地利谷地变得干热的气流。

焚风是如何形成的呢？气象专家介绍，焚风是山区特有的天气现象，它是由于气流越过高山后下沉造成的。当一焚风团空气从高空下沉到地面时，每下降 1000 米，温度平均升高 6.5 摄氏度。这就是说，当空气从海拔四五千米的高山下降至地面时，温度会升高 20℃以上，使凉爽的气候顿时热起来，这就是焚风产生的原因。台湾台东市焚风，它的形成就是西南气流在越过中央山脉后，湿气遭到阻挡，水汽蒸发从而形成了干热的焚风。

一般来说，在中纬度相对高度不低于 800～1000 米的任何山地都会出现焚风现象，甚至更低的山地也会产生焚风效应。1956年 11 月 13、14 日太行山东麓石家庄气象站曾观测到在短时间内气温升高 10.9℃的焚风现象。焚风可以促进春雪消融，作物早熟；同时，也易引起森林火灾、干旱等自然灾害。

焚风示意图

焚风在世界很多山区都能见到，但以欧洲的阿尔卑斯山、美洲的落基山、苏联的高加索最为有名。阿尔卑斯山脉在刮焚风的日子里，白天温度可突然升高 20℃以上，初春的天气会变得像盛夏一样，不仅热，而且十分干燥，经常发生火灾。强烈的焚风吹起来，能使树木的叶片焦枯，土地龟裂，造成严重旱灾。

焚风有时也能给人们带来益处。北美的落基山，冬季积雪深厚，春天焚风一吹，不要多久，积雪会全部融化，大地长满了茂盛的青草，为家畜提供了草场，因而当地人把它称为"吃雪者"。程度较轻的焚风，能增高当地热量，可以提早玉米和果树的成熟期，所以苏联高加索和塔什干绿洲的居民，干脆把它叫做"玉蜀黍风"。

在中国，焚风地区也到处可见，但不如上述地区明显。如天山南北、秦岭脚下、川南丘陵、金沙江河谷、大小兴安岭、太行山下、皖南山区都能见到其踪迹。

焚风的害处很多。它常常使果木和农作物干枯，降低产量，使森林和村镇的火灾蔓延并造成损失。19世纪，阿尔卑斯山北坡几场著名的大火灾，都是发生在焚风盛行时期的。焚风在高山地区可大量融雪，造成上游河谷洪水泛滥，有时能引起雪崩。如果地形适宜，强劲的焚风又可造成局部风灾，刮走山间农舍屋顶，吹倒庄稼，拔起树木，伤害森林，甚至使湖泊水面上的船只发生事故。

2002年11月14日夜间，焚风在奥地利部分地区形成强烈风暴，并以高达160千米的时速袭击了所有农田和村庄。焚风暴所过之处，数百栋民房屋顶被风刮跑或压垮，许多大树被连根拔起或折断，电力供应和电话通讯中断，公路铁路交通受阻。此次焚风造成二人丧生，以及数百万欧元经济损失。

热干风，又称"火风"、"热风"、"干风"，是一种高温、低湿并伴有一定风力的农业灾害性天气。其风速在2米/秒或以上，气温在30℃或以上，相对湿度在30%或以下。干热风一般出现在5月初至6月中旬的少雨、高温天气，此时正值华北、西北及黄淮地区小麦抽穗、扬花、灌浆时期，植物蒸腾急速增大，往往导致小麦灌浆不足甚至枯萎死亡。

干热风多发地区

干热风在各地区有干热风、热风、干旱风及热干风等不同称呼。如宁夏银川灌区称"热风"，山东济宁及徐淮地区称"西南火风"，甘肃河西走廊地区称"干热风"。

中国发生的干热风，一般与东亚大气环流的演变过程密切相关。干热风可分为干旱的高温低湿型和雨后高温猛晴的雨后青枯型两类。发生干热风的主要地区有华北平原干热风区和西北干热风区。

华北平原干热风区：北起长城以南，西至黄土高原，南自秦岭、淮河以北，东至海滨，这一地区亦为中国冬麦主要产区。其中冀、鲁、豫危害最重，沿海地区较轻，苏北、皖北一带干热风危害也颇频繁。

西北干热风区：主要包括河套平原、河西走廊及新疆盆地，是中国春小麦主要产区。一般低洼盆地、沙漠边缘、谷地、山脉背风坡等受害较重，而丘陵薄地、沙地、阳坡地危害轻。同时，随海拔升高，危害程度也逐渐减轻。

在中国，干热风天气从4~8月均可出现，约2~4年出现一次危害严重年。5~7月发生的干热风对小麦危害最大。中国小麦受干热风的危害，东南部早于西北部。危害的轻重程度地区间、年际间均不相同。

干热风成因及影响因素

春末夏初雨季到来之前的干旱季节，天气晴朗少云，太阳辐射强，地面增温快，是干热风发生的气候背景。在中国，当极地大陆冷空气南下，进入华北地区时，气流下沉，增温变性，加以地处高压后部，地面吹西南风，就形成华北地区的干热风天气。干热风也可由热带大陆暖空气入侵形成。青藏高原至新疆、内蒙古地区高空为一暖脊，同时副热带高压伸向江南，暖平流较强，地面为一热低压，这些条件使河西地面上空气压形成北高南低形势，就在低压区北部出现又干又热的偏东风，形成河西地区的干热风。

影响干热风的因素除天气、气候条件所决定的干热风强度和持续时间外，地形、土质、作物生育期和生育状况也有很大影响。地形可以加强或削弱干热风的强度。保水能力差的砂质土和土层浅薄的丘陵地，在土壤干旱情况下容易受害。小麦乳熟期以前植株生活力强，受害轻；乳熟中后期受害重；生育前期降水过多，根系分布层浅，或春季干旱植株发育不良时，抗干热风能力差。锈病等植物病害破坏植物组织，加剧植株蒸腾失水，可以加重干热危害。

51

第五节　沙尘暴

风有很大的能量，当它裹挟着自然界的其他物体时，产生的威力更大，强风把地面大量沙尘物质吹起并卷入空中，就叫做沙尘暴。

沙尘暴是沙暴和尘暴两者兼有的总称，是指强风把地面大量沙尘物质吹起并卷入空中，使空气特别混浊，水平能见度小于100米的严重风沙天气现象。其中沙暴系指大风把大量沙粒吹入近地层所形成的挟沙风暴；尘暴则是大风把大量尘埃及其他细粒物质卷入高空所形成的风暴。

沙暴发生时，风力多在4～8级，近地面的细沙和粉尘被输送到15～30米的高空，水平能见度可维持在千米以上，卷起的沙尘物质一般在就近的障碍物或绿洲边缘沉积，造成沙埋、沙割之害。还有一种与沙暴不同的尘暴现象是8级以上强风把大量尘土及其他细颗粒物质卷入高空，形成一道高达500～3000米的翻腾风墙。暴风携带的尘土滚滚向前，在高空可飘散到数千千米甚至1万千米之外。在荒漠和半荒漠地区尘暴与沙暴的结合就是沙尘暴。

特大的强沙尘暴叫做黑风暴，俗称"黑风"。黑风暴在美国发生过若干起，18世纪以来，大批移民来到美国西部平原，滥垦

卫星拍摄阿根廷海岸附近发生的沙尘暴

滥伐，导致了 20 世纪 30 年代的 3 次黑风暴。

1934 年 5 月 12 日，一场巨大的风暴席卷了美国东部与加拿大西部的辽阔土地。风暴从美国西部土地破坏最严重的干旱地区刮起，狂风卷着黄色的尘土，遮天蔽日，向东部横扫过去，形成一个东西长 2400 千米，南北宽 1500 千米，高 3.2 千米的巨大的移动尘土带，当时空气中含沙量达 40 吨/千米³。风暴持续了 3 天，掠过了美国 2/3 的大地，3 亿多吨土壤被刮走，风过之处，水井、溪流干涸，牛羊死亡，人们背井离乡，一片凄凉，众多城镇成为了荒无人烟的空城，许多人被迫向加利福尼亚迁移，引发了美国历史上最大的移民潮。这就是震惊世界的"黑风暴"

事件。

在这张摄于 1955 年的照片上，一场罕见沙尘暴正在美国得克萨斯一座荒芜人烟的农场肆虐

从全球范围来看，沙尘暴天气多发生在内陆沙漠地区，源地主要有非洲的撒哈拉沙漠，北美中西部和澳大利亚也是沙尘暴天气的源地之一。我国西北地区由于独特的地理环境，也是沙尘暴频繁发生的地区，主要源地有古尔班通古特沙漠、塔克拉玛干沙漠、巴丹吉林沙漠、腾格里沙漠、乌兰布和沙漠和毛乌素沙漠等。

中国是一个沙尘暴多发的国家。每年春季，长江以北地区都会遭受沙尘暴的袭击。经统计，60 年代特大沙尘暴在我国发生过 8 次，70 年代发生过 13 次，80 年代发生过 14 次，而 90 年代至今已发生过 20 多次，并且波及的范围愈来愈广，造成的损失愈

来愈重。1993 年 4 月 ~ 5 月上旬，北方多次出现大风天气。4 月
19 日 ~ 5 月 8 日，甘肃、宁夏、内蒙古相继遭大风和沙尘暴袭
击。其中 5 月 5 ~ 6 日，一场特大沙尘暴袭击了新疆东部、甘肃
河西、宁夏大部、内蒙古西部地区，造成严重损失。2002 年 3 月
18 ~ 21 日，20 世纪 90 年代以来范围最大、强度最强、影响最严
重、持续时间最长的沙尘天气过程袭击了我国北方 140 多万平方
千米的大地，影响人口达 1.3 亿。

中国是沙尘暴多发区

沙尘暴的主要危害方式

（1）强风：携带细沙粉尘的强风摧毁建筑物及公用设施，造
成人畜伤亡，大风吹倒或拔起树木电杆，撕毁农民塑料温室大棚
和农田地膜等等。1993 年 5 月 5 日黑风，使西北地区 8.5 万株果
木花蕊被打落，10.94 万株防护林和用材林折断或连根拔起。此

外，大风刮倒电杆造成停水停电，影响工农业生产。1993 年 5 月 5 日黑风造成的停电停水，仅金昌市金川公司一家就造成经济损失 8300 万元。此外，黑风共造成死亡 85 人，伤 264 人，失踪 31 人，死亡和丢失大牲畜 12 万头。

中国甘肃省民勤县，一个农民在沙尘暴中艰难前行

（2）沙埋：以风沙流的方式造成农田、渠道、村舍、铁路、草场等被大量流沙掩埋，尤其是对交通运输造成严重威胁。1993 年 5 月 5 日黑风中发生沙埋的地方，沙埋厚度平均 20 厘米，最厚处达到了 1.2 米。

（3）土壤风蚀：每次沙尘暴的沙尘源和影响区都会受到不同程度的风蚀危害，风蚀深度可达 1～10 厘米。例如 1993 年 5 月 5 日黑风平均风蚀深度 10 厘米，最多 50 厘米，也就是每亩（1 亩 = 667 平方米）地平均有 60～70 立方米的肥沃表土被风刮走。我国每年由沙尘暴产生的土壤细粒物质流失相当高,其中绝大部分粒径在 10 微米以下,对源区农田和草场的土地生产力造成严重破坏。

(4)大气污染:在沙尘暴源地和影响区,大气中的可吸入颗粒物增加,大气污染加剧,从而危害人体健康。2000 年 3～4 月,北京地区受沙尘暴的影响,空气污染指数达到 4 级以上的有 10 天,同时影响到我国东部许多城市。3 月 24～30 日,包括南京、杭州在内的 18 个城市的日污染指数超过 4 级。

沙尘暴引起的健康损害是多方面的,皮肤、眼、鼻和肺是最先接触沙尘的部位,受害最重。皮肤、眼、鼻、喉等直接接触部位的损害主要是刺激症状和过敏反应,而肺部表现则更为严重和广泛。7 年前美国健康学家首先提出,细微污染颗粒与肺病和心脏病死亡之间存在关系。澳大利亚《时代报》称由于土壤被风蚀而引起的沙尘暴是导致该国 200 万人哮喘的元凶。

沙尘暴为何产生?专家们认为,土壤风蚀是沙尘暴发生发展的首要环节。风是土壤最直接的动力,其中气流性质、风速大小、土壤风蚀过程中风力作用的相关条件等是最重要的因素。另外土壤含水量也是影响土壤风蚀的重要原因之一。

沙尘暴发生不仅是特定自然环境条件下的产物,而且与人类活动有对应关系。人为过度放牧、滥伐森林植被,工矿交通建设尤其是人为过度垦荒破坏地面植被,扰动地面结构,形成大面积沙漠化土地,直接加速了沙尘暴的形成和发育。

2003 年，也门瓦迪穆尔，一个骑着毛驴的男孩险些被沙尘暴吞没

　　沙风暴的发生是人口、资源和环境综合作用的结果。沙尘暴的肆虐在向人类挑战，也在向人类报警。如果人类不能控制发展，如果人类不能与大自然相濡以沫的话，最终要败在自己手下。

第三章 风光无限
——风力利用种种

在自然界中，风是一种可再生、无污染而且储量巨大的能源。随着全球气候变暖和能源危机，各国都在加紧对风力的开发和利用，尽量减少二氧化碳等温室气体的排放，保护我们赖以生存的地球。据粗略估计，近期可以利用的风能总功率约为 $10^6 \sim 10^7$ 兆瓦，这个数值比全世界可以利用的水力资源大 10 倍。但是，这笔巨大的自然财富还有待人类去大力开发。

我国是利用风能最早的国家。早在 2000 多年以前，利用风力驱动的帆船已经在江河中行驶，明代开始应用风力水车灌溉农田，并且出现了用于农产品加工的风力机械。风能非常巨大，理论上仅 1% 的风能就能满足人类能源需要。风能利用主要是将大气运动时所具有的动能转化为其他形式的能，其具体用途包括：风帆助航、风力发电、风车提水、风力致热采暖等。其中，风力发电是风能利用的最重要形式。

第一节　谷物清选

农业是人类"母亲产业"，远在人类茹毛饮血的远古时代，农业就已经是人类抵御自然威胁和赖以生存的根本，农业养活并发展了人类，没有农业就没有人类的一切，更不会有人类的现代文明。

中国是传统的农业大国，也是农业起源较早的地区之一。由于风与农业生产密切相关，古代先民在农业生产实践中很早就对风及其作用有了较为科学的认识，并对自然风、人造风加以充分地开发利用。

我国古代农业生产对风能开发利用的主要方面之一，是用于谷物清选加工。在谷物蹂打、舂碾后，根据质量不同的物体在同等风力下，被风吹的远近不同的惯性原理，借助自然风或人造风把粮食籽粒和秸秆、谷糠等杂物分开，达到"取精去粗"的目的。中国古代主要的谷物清选农具，在汉代已较完备。西汉元帝（公元前48～前33年）黄门令史游《急就篇》记载了当时也是我国古代主要的谷物加工农具："碓、硙、扇、隤、舂、簸、扬"。唐颜师古注："碓，所以礁也；古者雍父作舂，鲁班作硙。扇，扇车也。隤，扇车之道也……隤之言坠也。言即扇之，且令坠下也。舂则簸之、扬之，所以除糠秕也。扬字或作颺，音义同。"以上记述了我国古代谷物清选加工的 3 种方式及工具：①借助自然风的"扬"法，主要的工具有枚和飏篮；②"簸"法，主要的工具是簸箕；③利用风扇车等设备产生间断或连续的人造风对谷物进行清选，达到去粗取精的目的，主要设备为风扇车。

（一）"扬"法与枚、飏篮

"扬"法，是借助自然风，对蹂打、舂碾后的谷物进行清选，达到去粗取精的目的，是早期主要的谷物清选方式。其可追溯至古代先民对自然现象——风的观察和认识，出现应同步于农业或稍晚。早期可能是借助手作为主要的工具，之后，随着谷物种植及单位面积产量的增多，应出现代替手的原始的工具，但因缺乏文献记载，且早期的实物也不易保存，我们很难对其全貌有一形象的认识。但此法自出现后为我国古代乃至近现代农业生产所沿用，是主要的谷物清选加工方式之一，后世的文献中对其有相关的记载。从文献记载以及近现代仍在使用中的工具可知，古代用于此法的工具主要有木枚、竹扬枚和飏篮等。元《王祯农书》对其有详细的记载，并附有工具图："枚，耒属，但其首方阔，柄无短拐，此与锨耒异也。锻铁为首，谓之'铁锨'，惟宜土工，斫木为首，谓之'木枚'，可扬撒谷物。又有'铁刃木枚'，裁割田间塍埂。以竹为之者，淮人谓之'竹扬枚'，与江浙飏篮少异。"

说明当时用于谷物去粗取精的工具——枚主要有木枚和竹扬

杈两种，此类杈异于用于"土工"的铁锨和用于"裁割田间塍埂"的铁刃木杈，其材料用木和竹做成，形制"首方阔，柄无短拐"。并附有诗对其使用季节及优点加以说明。"木杈诗云：柄短掌木尽宽平，谷实抄来忌满盈，苗夏耰锄方用事，几回高阁待秋成。""竹扬杈诗云：竿头掷谷一箕轻，忽作晴空骤雨声。已向风前糠粃尽，不劳车扇太忙生。"

飏篮，篮形如簸箕而小，前有木舌，后有竹柄。农夫收获之后，场圃之间所踩禾穗，糠粃相杂；执此扬撒而向风掷之，乃得净谷。不待车扇，又胜箕簸，田家便之。有诗云："秲穗离披与谷全，要凭分别混淆中。柄头能泻精量在，糠粃从渠走下风。"形象地说明了用飏篮将"糠粃相杂"之谷物向风掷出，风将净谷与糠粃吹开的情景。

"扬"法是我国古代主要的谷物加工方式之一，其优点是"不劳车扇太忙生"，"又胜箕簸"，使用效率高，简单易行。但其必须借助适度风力的自然风方可进行，风太大或太小、无风则不能进行生产，有很大的局限性，在一定程度上也制约了谷物加工的及时性。

(二)"簸"法与簸箕

"簸"法，其主要工具是簸箕。将需要清选的谷物置于簸箕中，"挤匀扬播，轻者居前，弃地下。重者在后，嘉实存焉。"其原理是利用簸扬起的谷物下落过程中，使谷物与簸箕间的空气受压而产生向外的气流而吹带走谷物外壳等杂物。簸箕的发明和使用是间断人造风应用于农业谷物加工的开始，在古代也称"箕"。簸箕至迟在商周时期已出现。

据考证，甲骨文、金文中均有"箕"，字形与后代的簸箕形体很形似，似用条状编织物编制的开口器物。"箕"在甲骨文、金文中均已有单字，表明簸箕在当时应已有比较广泛的使用。到春秋战国时期，很多文献对簸箕都有明确的记载。《诗经·小雅·大东》载："维南有箕，不可以簸扬。"这里说的"箕"指南方的"箕星"，但已明确说明了"箕"的功能是用来簸扬的。《庄子》更为明确地指出簸箕"去粗留精"功能，载："箕之簸物，虽去粗留精，然要其终，皆有所陈是也。"《战国策·齐策六》载："齐婴儿谣曰：大冠若箕，修剑柱颐。"汉·李尤《箕铭》载："箕主簸扬，糠秕乃陈。"这些记载表明，至迟在春秋战国时期簸箕已开始应用于农业生产，且有广泛的使用。

考古资料表明，早在商周时期，我国已掌握了木条和竹条的编织技术，根据后世关于簸箕材料的有关记载，推测早期的簸箕可能是用竹、木编织而成的。北魏贾思勰《齐民要术》记载了当时用于编织簸箕的"箕柳"的种植方法等情况，《种槐柳楸梓梧柞》载："种箕柳法：山涧河旁及下田不得五谷之处，水尽干时，熟耕数遍。至春冻释，于山陂河坎之旁，刈去箕柳，三寸截之，漫散即劳。劳讫，引水停之。至秋，任为簸箕。"专门用于编织簸箕的箕柳的种植，表明当时簸箕在农业生产中有很大的使用

风 力

量，且已成为重要的谷物清选加工工具。

簸箕用途极为广泛，除用于场上对谷物进行清选外，还多用于农业选种，以及酿酒、酿醋、榨油等加工作坊中，用它簸净粮食，以利加工。相对其他两种谷物清选方式，"簸"法较费人力，不适合大规模的清选作业。但因其简单易用，至今仍是农业生产及各种手工作坊离不开的清选农具。

(三) 风扇车

至迟在西汉时期，人们已经发明了风扇车，产生连续的人造风，用于谷物清选加工。风扇车是一种利用流体力学、惯性、杠杆等物理原理人为地强制空气流动，产生一定风力的人造风，用以把踩打脱粒后或舂、碾后的谷物籽粒与混在一起的穰秕、糠皮

风扇车的复原模型图

64

等杂物分开。风扇车至迟发明于汉代，除西汉文献《急就篇》的记载外，还有出土的多例汉代风扇车模型为佐证。

风扇车也叫飏扇、扇车。中国古代风扇车的形制主要有立轴式风扇车和卧轴式风扇车两种，原动力为人力，用手转或足踏。《王祯农书》中有记载，风扇车"有立扇、卧扇之别，各带掉轴。或手转足踏，扇即随转"。卧轴式风扇车，根据风箱的结构又可分为敞开风箱式风扇车和闭合风箱式风扇车。

从汉代出土的风扇车模型看，后世风扇车的重要部件：机体、风箱、叶轮、手柄、曲轴、高槛、出料口等，汉代都已具备，有的还有容纳清选后谷物和糠秕的容器等。汉代风扇车较多且不同的出土地点表明，当时风扇车在我国黄河中下游地区已被普遍使用。

到了宋、元、明时代，风扇车做为一种重要的农具较多地被载入各种书籍。明代徐光启《农政全书》记载有与《王祯农书》相同的足踏式风扇车。宋应星的《天工开物》卷四《粹精》篇记载了当时使用的风扇车，其形制跟近现代仍在使用的已基本一样。

社会发展与科学技术的进步是互动的，社会需求是科学技术发展的重要的原驱力之一，科学技术的进步反过来对社会的发展有很大的促进作用。我国古代农业中对风能开发利用的技术及成就，是应社会生产的需要而产生的。如双出粮口风扇车的出现就是17世纪以后城市人口不断增加，对谷米消费的需求与日俱增，

《天工开物》中的风车图

一些地主及商人也就随之开起了大型米店，并进而改革谷米加工机械，促使发明了双出粮口风扇车。风车的发明和使用，减轻了人力及畜力役，拓展了农业生产的动力能源，有力地推动了我国古代农业生产及社会的发展。

第二节　风力提水

风是一种自然现象，由于空气有质量，风流动时必然会产生一定能量，这就产生了风能。我国在农业上使用风能很早，风能的利用有着悠久的历史，据考至少已有 1700 年的历史，利用风车灌溉农田的技术在明朝即已比较成熟，方以智所著《物理小识》一书中有"用风帆六幅，车水灌田"的描述，描述了用风车灌溉的情况。

古代的风车按风轮轴的位置可分为立轴式风车和卧轴式风车两种。风车的叶片借鉴于我国的船帆，由中国式硬质平衡纵帆变化而来。

(一) 立轴式风车

立轴式风车主架构采用八棱柱的框架结构，中置立轴，因其形似"走马灯"，又称为"走马灯"式大风车。立轴上部镶接 8 根辐杆，下部镶接 8 根座杆。桅杆与辐杆、座杆、旋风揽、篷子股相联，挂上风帆，即构成风轮。立轴与铁环的配合，以及针子与铁轴托（铁碗）的配合，构成了两副滑动轴承。平齿轮固定在立轴下部，与一个小的竖齿轮啮合，竖齿轮通过其方孔，装在直径约 7 寸（约 23.3 厘米）的大轴上，并可在轴上左右移动，以实现齿轮的啮合与分离，起离合器的作用。大轴上装有主动链轮，驱动龙骨。风吹帆，推动桅杆，使立轴和平齿轮转动，驱动风车。帆所受风压与风帆的面积、升挂高度及安装角度有关。风大时，一个平齿轮可驱动 2 台甚至 3 台风车。

立轴式风车除用于农业提水灌溉及排水外，在近现代的盐场中也被广泛应用。据调查，20 世纪 50 年代初，仅渤海之滨的汉沽塞上区和塘大区就有立轴式风车约 600 部。

立轴式风车的发明和使用，较好地将自然能——风能应用于农业及制盐业的生产，在一定程度上减轻了人、畜的力役，是我国古代一项重要的发明，具有很高的科学技术水平，充分反映了古代劳动人民的勤劳和智慧。然而，由于这种风车体积大，占地面积较多，80 年代中期已被电动或内燃机水泵所替代。

(二) 卧轴式风车

卧轴式风车所用风帆也是典型的中国式船帆。其原理是通过调节帆脚索，使帆面与风轮的回转平面保持适当的夹角，利用风帆上与风的气流垂直方向的分力产生驱动力，驱动风轮转动。

卧轴式风车的张帆方法与立轴式风车相似，使游绳（升帆索）绕过弦绳上的小绳圈，将风帆拉得张开，游绳的另一端拴在距主动齿轮不远的卧轴上。不用时，拉紧绕在卧轴上的绳子及移动人字架，都可以使风轮停止转动。

卧轴式风车的缺点是不能自动适应风向变化。使用时，需根据风向的变化，搬动人字架绕睡枕移动卧轴，使风轮对着风向。但比起立轴式风车，具有构造简单、使用简便、占地面积较小等优点。20 世纪末，除苏北个别盐场以外，福建莆田盐场也有 200 余台卧轴式风车。

在热机出现以前，风力灌溉对农业生产曾发挥过积极作用。1950 年我国政府曾作过调查，在我国太湖周围就有用风力提水的设备 20 万台，这种篷车的 6 扇布篷分别装置在 6 根等分的竹竿上，上篷/落篷十分自如。以"风车之乡"闻名的江苏省兴化县，1967 年有 36000 台风车用于农田灌溉。

风力提水灌溉同其他灌溉能源相比主要显示出了 5 个优点：

（1）降低成本

利用大自然的风力资源作为能源，不耗费油、电等常规能源，降低了灌溉成本。

（2）省工省力

风能灌溉设备无需专人管理，可根据实际情况随时灌溉。如果配套建设地下固定输水管路，即可进行自流灌溉，节省了搬动灌溉设备和铺放软带的时间和劳力。

（3）地形不受限制

风能灌溉设备用导气管传导动力，在高度和水平距离上不受水源地限制，适应性比较强，可以实现远距离供水。

（4）经济环保

风能灌溉设备的使用，避免了传统能源消耗对环境造成的污染和影响，使水利工程建设与环境保护有机结合，在有效灌溉农田、提供用水保障的同时，也保护了生态环境。

（5）可再生资源

蕴藏量丰富。风能是太阳能的变异，只要太阳和地球存在，就有风能，它取之不尽，用之不竭。

现代风力提水

风力提水现在仍受到人们关注。20世纪下半时，为解决农村及牧场的生活、灌溉和牲畜用水以及为了节约能源，风力提水机有了很大的发展。现代风力提水机根据用途可以分为两类：一类是高扬程小流量的风力提水机，它与活塞泵相同，提取深井地下水，主要用于草原、牧区，为人畜提供饮水；另一类是低扬程大流量的风力提水机，它主要与螺旋泵相配，提取河水、湖水或海水，主要用于农田灌溉、水产养殖或制盐。风力提水机在我国用途广阔。

在风力提水机的产品方面，我国已基本形成南方型低扬程大流量风力提水机组和北方型高扬程小流量风力提水机组两大系列，约有几十种型号。有些机组的水平达到国际领先地位，近年来我国低扬程风力提水机组已出口到斯里兰卡和马来西亚等国家，因此，我国现有的风力提水机产品可以在国内外逐步推广使用。

美国的风力能源专家汤姆·康德明介绍，风车用于农业，在美国的使用非常普遍；而在中国，目前使用量极少。他在张家口市沽源县安装了两台风车，成功解决了部分农民农田灌溉的问题。内蒙古赤峰市红山区文钟镇政府利用当地丰富的风能资源，投资 20 万元，在该镇的三眼井村引进了风力提水灌溉工程，不用农民花一分钱就解决了 200 多亩（约 13.34 公顷）地的灌溉问题。

河北省尚义县利用风能灌溉农田

我国东南沿海地区风能资源丰富，年平均风速为 4 米/秒，这些地区乡镇工业发展迅速，用电量较大，常规能源贫乏，部分电网通达的地方缺电也比较严重。为满足农业灌溉、水产养殖和盐场制盐等低扬程大流量提水作业的需要，当地用户已在使用一些低扬程风力提水装置。如福建省莆田地区用风力提水制盐，天津市郊区利用风能排咸和育苗，山东新泰市的风力——空气泵农田灌溉等，都取得了一定的经济效益。

在2006年，济南市历城利用风车引水上山，解决了当地水的问题，在新整理的坡地上，每台造价7000多元的大型风车总共装上了79座，用逐级提水接力的办法解决了上万亩山地的灌溉问题。风车高4米左右，由金属底座、轻便的塑料风轮及2条输水管道组装而成。为了美观，风车的轮子刷成了彩色。其引水原理类似自行车用的打气简，只要风力达到3级以上，风轮转动，一条管道排出空气，另一条输水管道利用压力将山下的水提到山上。

专家指出，风力提水，不同于建立大型的风力发电场，对年平均风速和有效风速时数的要求不很高，有风时即可提水，储存在蓄水池（塘）中备用。无风时则停机等待，可以做到"零存整取，实时灌溉"。风力提水还可用于修建水塔，改善农村饮用水的质量。在冬季，用风力抽取深层地下水和深层库水，迂回循环，作为一种热源，能供花房、苗圃、大棚蔬菜以及鱼苗场使用。

此外，我国内陆风能资源较好的区域，如内蒙古北部、甘肃和青海等地，这里是广大的草原特区，人口分散，难通电网。利用深井风力提水机组为牧民和牲畜提供饮水或进行小面积草场灌溉，对于改善当地牧民的生活、生产条件具有明显的社会效益。

第三节　国外对风车的利用

风车是人们最早用以转换能量的装置之一，波斯人和中国人在数千年前即已懂得使用风车，中国人用它来提水、磨面，替代繁重的人力劳动。12世纪，风车从中东传入欧洲。16世纪，荷兰人利用风车排水、与海争地，在低洼的海滩地上建国立业，逐渐发展成为一个经济发达的国家。今天，荷兰人将风车视为国宝，北欧国家保留的大量荷兰式的大风车，已成为人类文明史的见证。

风车是怎样借助风力而转动的呢？风车翼和飞机翼一样呈流线型，这样，风吹过以后便能在其顶部和尾部产生压力差，从而产生气动升力，风车就是靠这股升力旋转的。通过控制风车翼的角度，便可以改变其空气动力的特性：风车翼成大角度时，能截获较多的风，即使此时风速较小也能使风车维持一定的转速；当风速较大时，则减小风车翼的角度；风速太大时，则要停下来，避免过大的扭力使风车损坏。此外，整个风车有一个偏转系统，以保持车翼的方向与风向一致。

在欧洲，第一架风车大约是出现在公元12世纪的时候。有些人认为，在巴勒斯坦参加了十字军东侵的士兵们回家时带回了关于风车的信息。但是，西方风车的设计与叙利亚的风车迥然不

同，因而它们可能是独立发明出来的。

风车被认为是不列颠群岛上现存最古老的风车

　　第一次见于记录的是公元 1180 年诺曼底的一个风车，这种风车有一个卧式的主动轴和垂直的帆翼，所以许多人认为这很可能和 10 世纪有垂直主动轴的东方风车无关，而是欧洲人自己发明的。西方风车的不同之处在于翼板环绕着垂直面而转动。因为风在欧洲比在西亚较为变化不定，所以风车还另有一个机械装置，以使翼板面对着风来的方向转动。

　　风车在 12 ～ 19 世纪是欧洲广为使用的动力机械。1840 年，仅苏格兰和威尔士就有 1 万多架风车，荷兰则有 8000 架左右，多用于工农业生产，如碾米、拉锯、起重、汲水和造纸等。荷兰低于海平面的地区和英格兰沼泽地，就有数千架专用排水风车。在英国、希腊等岛屿国家的乡村中，都广泛地使用风车。在一些动力资源缺乏和交通不便的草原牧区、沿海岛屿，仍然用它来进行一些工作。

18 世纪发明了蒸汽机，风车的地位逐渐下降。到了 19 世纪下半叶，风车重新派上用场。在美国西部，铁路公司的风车用来抽汲地下水供机车使用，居民用其抽水灌溉和饮用。后来，又有人利用风力发电。20 世纪 30 年代，小型风力发电机在美国已很普遍，直到 50 年代中期，雅各布和其他美国公司已出售了数以千计的风车发电机，但发电量都很小，只够一户人家使用。风车在如今已很少用于磨碎谷物，但作为发电的一个手段正在获得新生。近代风车主要用于发电，由丹麦人在 19 世纪末开始应用，20 世纪经过不断改进趋于成熟。

"风车之国" 荷兰

荷兰被誉为"风车之国"，风车是荷兰的象征。荷兰坐落在地球的盛行西风带，一年四季盛吹西风。同时它濒临大西洋，又是典型的海洋性气候国家，海陆风长年不息。这就给缺乏水力、动力资源的荷兰，提供了利用风力的优厚补偿。

荷兰人很喜爱他们的风车，在民歌和谚语中常常赞美风车。

风车的建筑物，总是尽量打扮得漂漂亮亮的。每逢盛大节日，风车上围上花环，悬挂着国旗和硬纸板做的太阳和星星。位于荷兰境内的金德代克·埃尔斯豪特，尤以风车闻名遐迩，成为荷兰一道独特的风景线。该村距荷兰首都阿姆斯特丹约 8 千米，这里有 19 个建于 18 世纪 30~40 年代的风车，形成当今世界最大的风车群。每一个风车就是一个风车塔房，呈圆锥形，墙壁自上而下向里倾斜。风车的 41 片长方形翼板固定在塔房顶部的风车上。塔房分几层，分别为睡觉、吃饭之用，有的家族在风车塔房里已生活了 200 多年，成为荷兰旅游业的一大景观。

荷兰的风车，最早从德国引进。开始时，风车仅用于磨粉之类。到了 16~17 世纪，风车对荷兰的经济有着特别重大的意义。当时，荷兰在世界的商业中，占首要地位的各种原料，从各路水道运往风车加工，其中包括：北欧各国和波罗的海沿岸各国的木材，德国的大麻子和亚麻子，印度和东南亚的肉桂和胡椒。在荷兰的大港鹿特丹和阿姆斯特丹的近郊，有很多风车的磨坊、锯木厂和造纸厂。

随着荷兰人民围海造陆工程的大规模开展，风车在这项艰巨的工程中发挥了巨大的作用。根据当地的湿润多雨、风向多变的气候特点，他们对风车进行了改革。首先是给风车配上活动的顶篷。此外，为了能四面迎风，他们又把风车的顶篷安装在滚轮上。这种风车，被称为荷兰式风车，最大的有好几层楼高，风翼长达 20 米。有的风车，由整块大柞木做成。

荷兰风车

　　18 世纪末，荷兰全国的风车约有 12000 架，每台拥有 6000 匹马力（1 马力约合 0.735 千瓦）。这些风车用来碾谷物、粗盐、烟叶，榨油，压滚毛呢、毛毡，造纸，以及排除沼泽地的积水。正是这些风车不停地吸水、排水，保障了全国 2/3 的土地免受沉沦和人为鱼鳖的威胁。20 世纪以来，由于蒸汽机、内燃机、涡轮机的发展，依靠风力的古老风车曾一度变得暗淡无光，几乎被人遗忘了。风车不再有使用价值，因此被拆毁或用作储存所。到 1923 年，风车只幸存 3000 座，而这个数字继续下降到今天的 1000 多座。幸运的是，这些纪念碑现在得以保存，基本上是作为旅游项目而开动的，其中有许多定时开放让公众进入参观。

　　值得一提的是，荷兰风车又分为 2 个类别：工业风车和排水风车。工业风车的名称以用途来命名，如锯木厂风车，当然基本上被现代科技取代了。排水风车保持堤防内的土地不会积聚过多的水，从而创造出圩田。在部分较为古老的圩田中，这些风车仍然在运行着。

草原上的风车

尽管风车的数量已经大大减少，但是风车的形象始终是荷兰社会不可分割的一部分。风车翼板的位置共有四种喻意：庆祝、默哀、短暂休息和长期休息。翼板不同的倾斜位置，可以让小镇居民了解风车主的生活中正在发生些什么。特定的休息位置还可以用来向亲密朋友发送讯息。在第二次世界大战时，人们通过预先设定的信号来传递讯息，提醒人们躲过雷达。家族、街道、地区和产品的名称中常常会出现风车。同样的，在荷兰语中，有关风车的谚语也数不胜数。例如不理智的人被称为"被风车撞了一下脑袋"。

在观光荷兰时，游客们可能会注意到风车上系着蓝色缎带。这发生在每个月的第一个星期六，表示这些风车可以参观，通常为免费或需要支付极少的维修费。

第四节 乘风航行

古代帆船

古代对风力的利用，最早的利用方式恐怕是"风帆行舟"。帆船就是利用风力的基本动力在水上行驶，并由人来操控改变方向前进。

如果人坐着，一手操作舵杆，一手操控悬挂于垂直船身上桅杆的帆面角度，来推进，称为帆船。如果人站立，在一块狭长的板子上，用双手操控可以随意改变方向的帆，就称为风浪板。

埃及出土的一件公元前4000年的陶器上绘制有最古的帆船的图像。船的前端突出向上弯曲，船的前部有一个小方帆，这种船只能顺风行驶，无法利用旁风。公元前2000～前1600年，腓尼基人、克里特岛人和希腊人都先后在地中海上行驶帆船。克里特岛人的帆船两端翘起，单桅悬一方帆，这种船型在地中海应用了几千年之久。

古代石刻上刻画的古代埃及船

　　中国使用帆船的历史也可以追溯到公元以前。唐贞观年间，从今温州至日本，仅需 6 天；以后能以 3 天时间从中国镇海驶抵日本。宋代造船和航海事业均有显著进步。当时所造海船能载 500~600 人，并已使用指南针罗盘，航程远及波斯湾和东非沿海地区。1974 年在福建省泉州湾出土一艘宋代海船残骸，船体瘦削，具有良好的速航性能和耐波性，船内有 12 道水密隔壁，船侧外壳板由 3 层杉木板组成，结构坚固，估计船全长约 35 米，载重量 200 吨以上。明朝初年，郑和曾率领庞大的船队于公元 1405~1433 年间 7 次远航，遍历东南亚、印度洋各地，远达非洲东海岸。据记载，郑和所乘"宝船"长 44 丈（1 丈 =3.3 米），宽 18 丈，有 12 帆，是当时世界上首屈一指的优秀帆船。

　　古代帆船的构造主要利用风力张帆行驶的。其主要推进装置

郑和"宝船"复原图

为帆具，以橹、桨和篙作为靠泊、启航和在无风航行、弱风航行时的辅助推进装置。内河帆船还有纤具，无风逆流航行时，纤工上岸背纤步行，拉船前进。

　　帆船按挂帆的桅数区分，有单桅船、双桅船和多桅船；按用途分，有运输船、渡船、渔船和旅游船，古代还有专用于作战的战船。此外，还有专用于水上运动的帆船。中国宋、元、明、清时代，沿海帆船分四类：主要航行于黄海的平底"沙船"；福建的尖底"福船"；广东的"广船"（类似福船，但比福船坚而大）；浙江、福建、广东沿海的一种小型快速"鸟船"。在内河，有从春秋战国传至明代的楼式大型战船"楼船"和宋、元、明、清时代专在运河承运漕粮的平底"漕船"。帆船通常为单船体，但也有双体船，即两船体并列，保持一定间距，前后用数道横梁连接固定而成。双体船抗风浪能力较强，南太平洋岛屿的双体帆船曾闻名于世。

复原的希腊桨帆船"奥林匹亚"号

帆船通常是木结构，骨架多为横骨架式，包括弯肋骨、脚梁、面梁等横向构件。较大木船才设置纵向底压筋和舷压筋。隔舱板既用以分隔舱室，也是骨架的组成部分。中国自唐代就已采用水密隔舱，以提高船体抗沉性。船壳板主要由底板、舭板、身板、舷甲板等纵向构件构成。

欧洲人开始建造比较大的船，是在哥伦布发现新大陆，并在那里掠夺大量财富之后。大约从 16 世纪中叶开始，西班牙组织了庞大的船队，每年两次往返于大西洋东西海岸之间，从美洲殖民地运回掠夺的财宝。根据官方统计，在 1600 年以前的大约一个半世纪里，上了税运回西班牙的白银超过 18600 吨，黄金 200 吨；走私的数额有多少，就不大好估计了。除此以外，还有不少船只在中途或因风暴、或因海盗袭击而沉没，随之葬身海底的金银当也不在少数。直到今天，它们仍然是世界各国寻宝人与打捞公司搜寻的重要目标。后来，随着新大陆甘蔗、棉花、烟草种植园经济的建立与发展，货物运输量大增，大西洋上的船队运输就更繁忙了，这里面当然还不应该忘记与之相关的黑奴贩运。根据一些学者的研究，从 15 世纪开始有这项罪恶贸易到 19 世纪欧美各国正式宣布废除，在西非海岸被装上贩奴船的黑人总数达 1200 万，途中死亡了大约 1/6，登上新大陆的约有 1000 万，由此不难看出其运输量是相当大的。

为了保护运输船队免受海盗及其他国家船只的袭扰，西班牙人建造了一种大型多桅帆船。从 1650 年起，大西洋进入一个海战频繁的时代，西班牙、葡萄牙、荷兰、法国、英国等欧洲殖民国家以及"占岛为王"的海盗，把大西洋变成了一个大战场。这就大大刺激了战船的发展，起初最大的战船吃水量约为 1500 吨，但到 1750 年，2000 吨的船已很普通，而到 1800 年更有超过 2500 吨的。船壳通常选用坚实的橡木板制造，而且是双层，总厚度可以达到 46 厘米，这就使造船成为一件非常耗费木料的事。例如，建造特拉法尔加海战中的旗舰"胜利号"，所耗费的木材就需砍伐 2500 株成年橡树才能得到。后来同样的技术也用于建造民用船，例如英国移民最早去北美所乘的"五月花号"，就属于这种类型。在以蒸汽机为动力、螺旋桨为推进器的轮船出现以前，大型多桅帆船一直是欧洲商船和战船的主要船型。

1795 年受命为英国皇家海军造船的萨缪尔·边沁使用在中国唐代就已出现的水密隔舱，不但大大增加了船体强度，更重要的是不至一处破损就水漫全船，难以封堵。有了水密隔舱，欧洲船舶可以说已经达到帆船时代的最高水平。

随后起源于美国的一种高速帆船得到发展，名叫飞剪式帆船。前期的飞剪式帆船，可以 1833 年建造的"安·玛金号"为代表，排水量为 493 吨。飞剪式帆船船型瘦长，前端尖锐突出，航速快而吨位不大。19 世纪 40 年代，美国人用这种帆船到中国从事茶叶和鸦片贸易。以后美国西部发现金矿而引起的淘金热，使飞剪式帆船获得迅速发展。

快速帆船

1853 年建造的"大共和国号"，长 93 米，宽 16.2 米，深 9.1 米，排水量 3400 吨，主桅高 61 米，全船帆面积 3760 平方米，航速 12 ~ 14 海里/时，横越大西洋只需 13 天，标志着帆船的发展达到顶峰。

19 世纪 70 年代以后，作为当时海上运输主要工具的帆船，被新兴的蒸汽机船迅速取代。

帆船运动

帆船运动是依靠自然风力作用于帆上，使驾驭船只前进的一项水上运动。比赛用的帆船是由船体、桅杆、舵、稳向板、索具等部件构成的小而轻的单桅船。由于船体轻、航速快，因此又名为快艇。经常从事帆船运动，能增强体质，培养与风浪搏斗的顽强精神，在风云莫测、海潮涨落的变化中掌握驶帆的各种技术，对增进航海知识和驶帆能力具有一定的实用价值。

帆船在今天成为一种体育与休闲活动

帆船起源于欧洲，其历史可以追溯到远古时代。帆船作为一种比赛项目，最早的文字记载见于1900多年以前古罗马诗人味吉尔的作品中。到了13世纪，威尼斯开始定期举行帆船比赛，当时比赛船只没有统一的规格和级别。帆船运动起源于荷兰，古代的荷兰，地势很低，所以开凿了很多运河，人们普遍使用小帆船运输或捕鱼。这种小船是由一棵独木或用木排、竹排编制而成，这是世界上最早的帆船。

1662年，英王举办了一次英国与荷兰之间的帆船比赛，比赛路线是从格林威治到格来乌散德再到格林威治。这是早期规模较大的帆船比赛。18世纪，帆船俱乐部和帆船协会相继诞生。1720年前后，英国、美国、瑞典、德国、法国、俄罗斯等国家先后成立了帆船俱乐部或帆船竞赛协会，各国之间经常进行大规模的帆船比赛。如1870年美国和英国举行了第1届著名的横渡大西洋"美洲杯"帆船比赛。1900年举行第一次世界性的大型帆船赛。

1906年，英国的B·史密斯和西斯克·史坦尔专程去欧美各国与帆船领导人商谈国际帆船的比赛等级和规则，并提议创立国际帆船竞赛联合会。1907年，世界第一个国际帆船组织——国际帆船联合会正式成立。国际帆联会 International Sailing Federation，简称"ISAF"。ISAF是世界上最大的单项体育联合会之一，现有122个会员国（或地区）管辖了81个帆船级别。ISAF下设国际残疾人帆船运动联合会（IFDS），从事残疾人帆船运动。目前进入奥运会的项目有9个级别，11个项目。

帆船运动在世界各地开展得比较普遍，尤以欧洲、美洲和大洋洲的帆船运动开展得更为广泛。一些滨海国家的海湾大都有专门的帆船港口和驶帆的良好海面。美国约有各种类型的帆船1000多种，参加帆船运动的人数约40多万。在亚洲，日本也开展得较好，约有30万人参加这项运动。

中国在1949年前没有开展过帆船运动。中华人民共和国成立后，随着航海等多项运动的开展，在部分地区开展了帆船运动。1958年在武汉东湖举行过1次帆船表演赛，1979年在青岛举行过6单位帆船比赛，1980年举行了全国帆船锦标赛。

正式帆船比赛要求在开阔的海面上进行，距海岸应有1~2千米。比赛场地由3个浮标构成等边三角形，每段航线长不少于2~2.5海里。起航线和终点线均采用两个标志之间的连线，其宽度为100~200米，根据参加帆船的数量适当增减。另一种计算起航线长度的方法是以参加竞赛帆船的总长度乘以1.25米。起航线与终点线应平行，第1标志线与风向线应互相垂直成90°角。

全航程的竞赛次序是起航后绕1、2、3标志，再绕1、3标志到达终点，即为全航程。缩短航程的竞赛次序是起航后绕1、2、3标志到达终点，即为缩短航程。

帆船比赛主要有两种形式，一种为集体出发的"船队比赛"，另一种为两条船之间一对一的"对抗赛"。奥运会帆船比赛都是采用"船队比赛"的方式。

帆船竞赛一般都在海上进行，而海上情况比较复杂，尤其在有大风浪的时候，所有竞赛帆船都想准时占领有利的起航位置，按同一方向绕过规定标志，这就容易发生互相碰撞和其他事故。因此，规定了各种信号和避让规则，竞赛的帆船必须共同遵守。其中一条是公平航行，必须以高超的技术和优越的速度去赢得胜利，不允许用不正当的手段取胜。

对帆船运动员首先要求会游泳，并能游较长的距离。此外，必须有良好的身体素质、耐力和体力去适应长时间的海上风浪的颠簸。国际帆船比赛，经常在强风中进行，风速每秒 10~12 米，既要保持航向和一定的船速，又要不翻船，这就需要运动员尽最大的努力去压舷，保持船的平衡。同时运动员要以清醒的头脑掌握周围的环境、水的流向、流速和气流变化，以便及时调整船帆适应这些变化。尤其是在参加竞赛的帆船较多的情况下，还必须熟悉帆船竞赛规则，避免犯规。优秀运动员还必须懂得检查、整理船上的装备，尤其是调整帆型，以适合最大的升力，这是帆船运动员必须掌握的一项理论和实际操作相结合的基本技术。

当前一些帆船运动开展较好的国家，对船、船帆和索具的研究都具有较高的水平。国际帆船比赛规定，参加比赛的运动员可以自带船和帆，只要经过测量委员会按级别规定丈量合格者均可参加比赛。因此，随着科学技术的不断发展，船、帆、索具等的不断改进，帆船运动还将有新的发展。

帆船是风、水、人、船四者完美结合，充满活力的运动。欣赏帆船比赛，看速度、看人、船与自然的配合情况。帆船是海上壮丽的风景线，然而驾帆船出海却是件非常需要体力的运动，它对船员在艰苦环境中的耐受力要求很高。因此，运动员耐力和意志品质的展示也是观看帆船比赛的一个重要方面。由于帆船竞赛是在自然条件下进行的，直接受到气象水文条件的影响。所以规定的竞赛轮次可能完不成，因此，帆船比赛没有绝对的纪录，只有最好成绩。

美洲杯帆船赛

美洲杯帆船赛与奥林匹克运动会、世界杯足球赛，以及一级方程式赛车并称为世界范围内影响最大的四大传统体育赛事。它起源于 1870 美国和英国首次横渡大西洋的帆船赛。出于政治上的原因，美洲杯在一开始就不是一次简单的体育比赛，它一直是最高的技术实力和最高荣誉的代名词。美洲杯被认为是与足球的大力神杯和网球的戴维斯杯齐名的世界三大名杯。自首届美洲杯比赛后，美国纽约帆船俱乐部在之后 132 年一直独霸奖杯。2003年 2 月 15 日，瑞士 Alinghi 队夺冠，创造了第一支欧洲队伍尤其是一支内陆国家的队夺取奖杯的历史。

美洲杯帆船赛每四年一轮，每个国家可以派一条船参赛，每条参赛船上有 17 名运动员。2007 年前，美洲杯设有一系列的预赛，每年分别在不同的城市进行。决赛分为挑战赛和卫冕赛两部分。美洲杯卫冕赛在挑战赛的冠军帆船和上届美洲杯冠军船之间进行。

美洲杯竞赛中的两艘帆船，精心设计的支杆、
船桅和锚索在跳跃中承载着压应力和张应力

翼帆像飞机机翼一样起升举作用，不过它主要
是水平方向偏转。像飞机机翼一样，主要部件
和折翼间的翼缝能增加升举能力

　　美洲杯会给承办城市带来巨大的经济收益，可以极大地提高
举办城市的知名度。例如，2003 年在奥克兰举办的第 31 届美洲
杯为奥克兰带来了"千帆之都"的美誉，使奥克兰的现代化帆船

码头成为饮誉世界的旅游景点，比赛期间的电视转播使奥克兰扬名全球。

速度上的考虑，比赛用的帆船外形上发生了很大变化

帆船在比赛中

第32届美洲杯，西班牙瓦伦西亚在战胜了葡萄牙的里斯本、意大利的那不勒斯和法国的马赛后赢得了举办权。据西班牙财政

大臣表示：举办这一赛事会为西班牙带来 15 亿美元的收益以及提供 10000 个就业机会。

现代风帆船

古老的风帆航船完成了历史使命，正在走进历史博物馆。但是现代化的新式风帆助航又出现了，为了节约燃油和提高航速，古老的风帆助航重新受到人们关注，它是在当代电子技术高自动化和新型材料的发展基础上产生的。

首先在 70 年代由日本开始制造风力与柴油机联合动力船，用计算机自动控制切换，用新型结构的帆具材料，制成起落方便的风帆，操作简便，美观实用，节能效率 15% 以上。

20 世纪 80 年代初，日本研制成了"新爱德丸"风帆油船（1600 吨装载量，排水量为 2400 吨），船上装有两个高 12.15 米、宽 8 米的风帆，帆的总面积为 195 平方米，同时带有功率为 1176 千瓦的柴油机。当主机和风帆配合使用时，每小时航速可达 13 海里（合 24 千米）。水手再也不必爬到高得令人目眩的桅杆上去收桅缆，风帆用钢骨架和聚酯纤维制成，风帆的最佳角度、收拢和展开由电脑控制，通过液压系统操作。实践证明，现代风帆船比同类型的一般船舶节约燃料费用 50% 左右。

嗣后日本又有 26000 吨等十余艘风帆油船问世。日本东京大学已经制订了开发新型帆的新概念风助推船舶新计划。制定该计划的目的是降低燃油成本和二氧化碳排放。日本东京大学成立的新概念风助推船小组将研制采用碳复合材料制造的大型、灵活帆自动航行系统。预计新帆自动航行系统造价148万美元。该研究小组称，一艘好望角型散货船将需要9张帆，每张帆的面积1000平方米。新概念船将以风力作为主要推力，传统的燃油发动机为辅助动力。目前日本最大的风帆助航货轮为日本的"臼杵先锋号"，总吨位2.6万吨，船长152米，宽25.2米，吃水深10.57米，风帆面积640平方米。

现代风帆船

欧洲也在着手研究风帆助航技术。其中最引人注目的，是法国制造的"翠鸟号"涡轮帆船，它的外形与传统帆船大不相同，船上安装着两面10米高、呈椭圆柱形的涡轮帆，它能更巧妙地利用风力前进，船运行的时候，在帆顶端的风扇快速运转吸入空气，使迎风和背风面之间产生压力差，带动发动机运转，从而驱动船前进。整个系统设计精巧，效率很高，全部由精密电脑控制，驾驶十分方便，是现代科学技术的结晶，法国已经投入批量生产。

英国一家风帆公司推出一艘万吨级"国际号"帆船，其特点是以5张大帆再辅以柴油机，节省能源最多达八成，很有竞争能力。

俄罗斯的巨型运输船"卓娅号"则是目前风帆面积最大的帆船，总面积达到了1400平方米，因而在较大的风力下航行速度竟可以与快艇媲美，令人赞叹不已！美国造船专家设计制造出世界最大的帆船，这艘巨型帆船达45000吨，完全适用远洋运输。

德国还研制成实用型"轻气球风筝帆船"，它具有一种特殊风帆系统，帆是一张巨大的充气翼，翼型可由计算机进行微调，同时可根据外部条件进行充氦气和放氦气。充气翼可以像风筝一样悬放在500米高空中。整个帆系统由计算机控制，能最大程度有效利用任何高度的风能。当然，不能让帆正面顶着风，而风向与船只航向之间的角度可以达到135°。这种特殊风帆系统能使有关巨轮如集装箱货船、油轮及巨型客轮的燃料消耗减少一半，德国研制的风帆系统特点还在于，它对船只结构的改动非常小，并且完全是自动化的，因此不需要增加控制人员和工作量。

我国80年代研制了几条小型的风帆助航船在长江上试运行。90年代，宁波海运公司试制了一艘2500吨级的"明州22号"风帆助航货轮，船身总长85.8米，型宽15米，型深7.3米，设计航速11.5节（海里/时）。风帆为不锈钢弧型帆，面积120平方米（高12米，宽10米），可以在3～20米/秒风速下使帆，采用计算机控制油压操帆，风帆全折全张时间1～2分钟。装主机一台，功率1080千瓦。该轮于1996年1月投入运营，行驶在日本、宁波、厦门、香港之间，可载运146只集装箱。

人们完全有理由相信，帆船——这种利用可以再生、绝对卫生的风能的运输工具，在环境污染日趋严重的今天，必将获得更大的发展。

第五节　风力在战争中的作用

古代战争中，作战双方使用的是石块、木棍、刀枪、剑戟、弓箭等冷兵器，采用的是近身肉搏战术。风云等天气因素严重影响到将士的体能和行动。尽管当时人们对天气变化缺乏科学认识，往往把严寒酷暑、疾风暴雨等天气现象归为天意，但是，一些聪明的先哲们，已经把天气、气候等列入了军事活动的客观环境条件。《孙子兵法》中云，"故经之以五事校之以计，而索其情：一曰道，二曰天，三曰地，四曰将，五曰法；……天者，阴阳、寒暑、时制也。……凡此五者将莫不闻，知之者胜，不知者不胜"。孙子将"天时"列为决定战争胜负的"五事"之一。下面列举的小故事，就是古代军事家掌握天气、顺应天气和利用天气来达到军事目的的典范。至于对风力的利用，在古代战争中则

屡见不鲜。

1. 诸葛亮巧借东风之谜

《三国演义》第49回"七星坛诸葛祭风，三江口周瑜纵火"，对魏、吴赤壁之战作了详细描述。公元208年冬10月，曹操率领80万大军进攻东吴。孙权和刘备联军约5万人在赤壁迎战，与曹军隔江对峙。曹军在赤壁对岸将战船连接为营，扎下水陆大营。老将黄盖向周瑜献计"曹军船舰首尾相接，可烧而也"。周瑜觉得此计甚好，但当时刮着西北风，无法实施火攻，把周瑜急病了。

诸葛亮去探望周瑜，赠一治病良方"欲破曹公，宜用火攻；万事俱备，只欠东风"，并说自己精通奇门遁甲秘术，能呼风唤雨，三天内就能借来东风。诸葛亮在南屏山"七星坛"上作法三日，第三天果然刮起了东南风。周瑜令黄盖诈降曹操的同时，用20艘船为引火船，船上装满了芦苇干柴，灌上鱼油，上铺硫磺、焰硝等引火之物，实施火攻曹营计划。夜里，东南风越刮越烈，黄盖率领20艘引火船驶向北岸的曹军水营。靠近曹军水营后，黄盖下令点火，20艘引火船一起点火，火趁风威，风助火势，猛烧曹军战船。船如箭发，烟焰涨天，20艘火船撞入水寨。因曹军船船相连，水陆军营连在一起，整个曹军大营烈焰滚滚，曹军大乱，官兵纷纷逃命，有的被烧死，有的落水淹死，三江面上，火逐风飞，一派通红，漫天彻地。孙刘联军乘机猛攻，大败曹军，以少胜多。

诸葛亮真的那么神，能借到东风？其实，这是他深谙气象知识的结果。原来，冬天寒流南下后，高气压入海，长江中下游常吹东南风，诸葛亮平时多加观察，根据当时的季节和环境条件作出了刮东风的预报，为周瑜实施火攻计划赢得了时间。

唐代诗人杜牧在《赤壁》中曾写下"东风不与周郎便，铜雀春深锁二乔"的诗句，说明了巧借东风对吴国取得赤壁之战胜利的重要性。

2. 乘风扬灰攻敌舰

公元 919 年 3 月，南方的吴越王钱镠命钱传瓘为水战诸军都指挥使，率 500 艘战舰进攻建都于今江苏省扬州的吴国。吴国则派彭彦章、陈汾率水军迎战。4 月，两军舰队相遇，激战于狼山江。

战前，吴越舰队作了周密准备，传令各舰装满灰、豆和沙子。水战开始，吴国舰队求胜心切，乘风首先展开进攻。吴越舰队则避其锋芒，绕到其侧后，让吴国舰队疾驰而过，然后紧随其后。吴国舰队首领彭彦章见攻击未果，恼羞成怒，命令掉转船头，逆风行驶继续进行进攻。吴越舰队指挥使钱传瓘发现敌舰队掉入自己设计好的圈套后，利用自己的顺风优势，命令军士乘风扬起灰和沙子，结果"白昼如晦，吴师迷方"。接着趁"吴人不能开目"的有利时机，吴越舰队迅速靠近敌舰，展开接舷战。吴越舰队将沙子撒在自己船上，便于军士不易滑到；而将豆子撒在敌舰上，吴国士兵踩着豆子，站立不稳，纷纷跌倒，失去了战斗力，乱作一团。吴越舰队乘机纵火焚烧吴国战舰，吴国舰队全军覆没。

3. 船大无风难发威

按理，船大能在海战中占据优势，但没有风时反而行动迟缓，遭受小船的袭击，金、宋的镇江之战就是这样的战例。公元1129 年 10 月，金军乘南宋江防尚未巩固之际，在兀术统帅下，10 万大军兵分东西两路渡江南下，攻陷临安（今杭州）。宋高宗逃亡海上。1130 年 1 月，金军利用暴风雨的掩护，一举攻占了定海（今浙江镇海县）、昌国（今浙江定海县），接着派出舰队乘胜追击宋高宗，气焰十分嚣张。金军深入江南地区后，遭到了大江南北人民的英勇抵抗和反击，伤亡较大，有孤军奋战之危险。于是，金军在大肆烧杀抢掠之后，想尽快北撤。宋将韩世忠奉命率领 8 千多水军于 3 月 15 日先期赶到镇江，截住妄图北撤的兀术军队，并重创金军。金军只好沿长江南岸强行西上，韩军水师继续拦截。4 月 25 日，兀术抓住宋军船大，无风难于行动的弱点，选择无风时，用小船出击，施放火箭，纵火焚烧宋军大船，然后，迅速乘小船渡江北撤。宋军大船被烧大半，没被烧毁的舰船也因无风时行动迟缓，船上官兵有劲无处使，眼睁睁地看着金军小船从周围水域驶过，让兀术军队突围逃走。

4. 借风攻敌弱者胜

公元 1161 年，金朝出动 60 万海陆大军南侵南宋。南宋战将李宝率部下迎敌，当时他手下仅有战船 120 艘，水军 3 千人。李宝统领舰队从平江（今江苏苏州）出发，沿东海北上直奔金舰队。途中连续 3 天，海风大作，浪涛汹涌，船只被风浪吹得七零八落。但这些丝毫没有动摇李宝打败金军的决心。第四天，东海海域风停浪消，李宝将刮散的船只重新集结起来，继续前进。李宝率舰队北上到达山东沿海，在陈宝岛（今山东灵山卫附近）周围海域与金舰队相遇。金舰队拥有战船 600 多艘，水兵 7 万多人，交战双方实力相差悬殊。但金军不习惯海上风浪，都挤在船舱里昏昏欲睡，充当水手的多数为被迫征来的汉人。当时，风向由北转南，李宝认为这是进攻敌舰的天赐良机，于是，趁敌人没有思想准备，先发制人，下令舰队乘顺风猛烈冲击金舰队。金朝军队遭到突然袭击，惊慌失措，乱作一团，船只也挤成一堆，欲动不能，欲退无术。李宝命部下向金舰发射火箭，金朝舰队立即火光冲天，浓烟滚滚，金舰上的汉人也纷纷起义投降。最后，李宝统帅的南宋水军，以 3 千人的水军全歼了超过自己 20 多倍兵力的庞大金朝舰队，写下了借助风力以少胜多的不朽神话。

5. 风暴改变了波希战争

公元前 5 世纪上半期，盘踞在亚洲西部伊朗高原的大波斯帝国，依靠其雄厚的经济实力和军事威力，对位于欧洲与南部巴尔干半岛的希腊，发动了大规模的侵略战争，历时达 43 年之久。战争前期，波斯军队军事力量强大，采用威猛攻势，曾进行 3 次远征，但在第一、第三次远征中波斯海军遭到了风暴袭击，丧失了原有的海上优势；战争后期，希腊军队转入反攻，最后夺得了战争的胜利。

公元前 492 年春，波斯国王委派其女婿玛尔多纽斯为统帅，率领一只庞大的陆海联军向希腊进发，开始了其第一次远征希腊的行动。其进攻计划主要以陆军为主，海军沿岸开进，支援陆军作战。经过长途奔袭，波斯陆军艰难地抵达马其顿边境，准备向希腊进攻。沿着海岸缓缓而行的波斯舰队，经过一番周折才占领了萨索斯岛。然后，他们又从萨索斯岛渡海到对岸，顺着大陆沿岸航行到阿坎托斯，再从此处出发，打算绕过阿托斯山。但是，当他们航行到阿托斯海角时，遇到了一阵凶猛的、无法抗拒的北风，许多船只被风吹得撞到了阿托斯山上，大部分舰船被摧毁。这阵大风使波斯舰队损失惨重，共有 300 多艘舰船沉入海底，约 2 万多名海军官兵葬身海中。海军的舰船被毁，不仅使波斯军没有了海上依托，而且还失去了军需给养补充的重要来源。于是，统帅玛尔多纽斯下令收兵撤退，迫不得已返回亚洲本土，第一次远征希腊因风影响只好半途而废，以失败而告终。

公元前 485 年，波斯军进行了第三次远征希腊的行动。为了吸取第一次远征希腊舰队在阿托斯遇风暴而覆没的教训，波斯军曾组织海军进行了专门的训练和准备。出征大军共有陆军 170 万人，水兵和水手 50 多万人，战船 1200 多艘，运输船只近 2000 艘，可谓远征大军兵多将广，浩浩荡荡。波斯主力舰队和腓尼基支队分路前进，主力舰队到了马格西尼亚半岛的塔纳伊亚市和赛披亚斯岬之间的海岸，先到的舰船停泊在岸边，后面的船只在外面抛锚驻泊。第二天，天气变坏，一阵阵猛烈的东风风暴，把大海搅得沸腾起来。暴风连刮了 3 天，有的船被卷到岸上，有的船被抛到山麓上，有的撞碎在赛披亚斯岬上。这次风暴使第三次远征希腊的波斯军损失了 400 多只舰船，死伤无数，大量军需补给物资漂浮在海中。腓尼基支队在南下过程中，经过欧波亚沿海时，也遇到了暴风雨，全军覆没。强大的波斯舰队受到两次风暴的袭击后，已经失去了海上优势，与希腊海军势均力敌，旗鼓相当，从而改变了波斯与希腊的军事力量对比。

6. 风暴灭了罗马舰队

公元前 3 世纪初期，罗马比较强大，向外逐步扩张，其扩张对象西有迦太基，东有希腊。迦太基是腓尼基人建立的国家，善于海上贸易，实力也比较强大，曾先后征服了地中海大部分地区。迦太基与罗马原本相安无事，到了 3 世纪中叶，罗马要扩张其政治利益，迦太基为其商业发展而扩张，于是双方就开始了对地中海统治权的争夺。几十个春秋，几十年风云，多少次争斗，最后以迦太基的失败而结束。战争期间，老天似乎不想帮助罗马，让罗马人连遭风暴袭击，损失惨重，致使以往在海战中百战百胜的罗马舰队，面对风暴一筹莫展，甚至产生了放弃海上作战的念头。

公元前256年夏，罗马军队在执政官弗尔索和热古鲁斯的统领下进攻迦太基领地。征战开始，罗马人首战告捷，攻占了距迦太基城仅有几天航程的阿斯皮斯城。罗马元老院考虑到冬季之前难以攻下迦太基城，而阿斯皮斯城难以维持10万水手的补给，于是命令步兵1.5万人和战舰40艘留守，其余陆军和水军撤回。在阿斯皮斯城驻守的罗马人，孤掌难鸣，不敢轻易出海迎战迦太基海军。后来，罗马派来一支拥有350艘战船的救援船队，迎接在阿斯皮斯城守城的罗马人返航。在卡马里那附近，船队遇上了风暴。笨重的罗马战船在狂风大浪中挣扎、碰撞，有的被巨浪抛向岩石，死伤水军近10万人，只有80艘船逃离险境。

公元253年，罗马舰队又在风暴中损失了150艘战船。其后几年中，笨重的罗马舰队，在风暴中连连遭殃，共损失600多艘战船和1000多艘运输船。公元前249年，罗马舰队的120艘战船在为800只运输船护航途中，遭受迦太基舰队袭击，舰队全部覆灭。风暴使罗马舰队伤亡惨重，在历史上也是罕见的。

7. 风助威廉登上王位

公元11世纪中叶，诺曼底公爵威廉与英国大封建主哈罗德为争夺王位曾发生过一场战争。最后，威廉凭借大风，取得了战争胜利，登上了王位，对英国历史的发展有着重要的影响。1066
年，英国大封建主哈罗德加冕称王。威廉对英王位早就垂涎三
尺，于是他四处奔波，组成了反哈罗德的军队，意欲夺取王位。
1066 年 8 月，威廉军队在第费斯河沿岸和河口集结完毕，约有将
士 6 千多人，舰船 500 多艘。船队准备向英格兰进发。当日，天
气突变，一个月内连吹北风，舰队无法出港。在这个月内，挪威
军队入侵英格兰，9 月 25 日，英格兰军队将挪威入侵者全部歼
灭。9 月 28 日，海上刮起了南风，威廉见到盼望已久的南风，欣
喜若狂，立即命令舰队向英格兰进发，第二天顺利通过英吉利海
峡，在佩文西斯湾登陆。哈罗德率军仓促应战，许多士兵因与挪
威军激战中，体力消耗过大，没有得到充分休整，因此，战斗力
大大降低。10 月 11 日，哈罗德战死在沙场上，士兵纷纷逃散。
1066 年圣诞节，威廉国王终于如愿已偿，加冕为英格兰国王。

8.“神风”拯救了日本

公元 1259 年，成吉思汗之孙忽必烈即位，称为元世祖。他
雄心勃勃，在派兵南下攻宋的同时，也对日本垂涎三尺。公元
1268 年 8 月，他派出使者前往日本，递交国书，要求日本俯首称
臣，向元朝纳供。日本人不仅没有投降，反而加紧备战，以阻击
元军的进攻。

公元 1273 年 11 月，忽必烈派出三员大将，分别统领蒙、
汉、朝鲜三族大军，组成庞大的联合舰队，从朝鲜港口启航攻打

日本。元军舰队共有大型战船 300 多艘，小型船只 500 多艘，载员 3 万多人。联合舰队首先占领了九州北部的对马和壹歧两岛，然后又攻取了福冈市和今宿。在继续向东推进中，遭到日军顽强抵抗，双方苦战 1 天。元军怕日军夜袭，就鸣金收兵全部返回舰船休息。该当上天惩罚元军，当日午夜时分，强烈的暴风雨铺天盖地而来，毫无准备的元军损失惨重。元军 200 多艘舰船被暴风掀翻，13000 多人溺亡或失踪。剩余的元军于第二天凌晨乘舰逃回朝鲜。天不作美，使忽必烈第一次渡海征战日本就惨遭失败，但这次失败并没有动摇忽必烈征服日本的决心。

公元 1281 年 5 月，忽必烈又命两员大将率领 4 万蒙、汉、朝三族大军，分乘战船 900 多艘，从朝鲜半岛海港起锚，开始了第二次渡海征战日本。同年 6 月，又命一南宋降将率领江南 10 万大军，分乘 2500 多艘舰船，从江南海港出发，希望在台风季节到来之前赶赴日本，与从朝鲜出发的元军在九州会师。日军在九州西岸筑墙挖沟，消极怠战，故意拖延时间，等待台风季节的到来。元军苦战一个多月，还没有决出胜负。不料，老天又关照了日本。8 月 15 日开始，一股强台风袭击九州，元军舰船受到了惊涛骇浪的摧残，舰船互相撞击，沉没者不计其数，船上有 5 万多官兵葬身海底，岸上作战的官兵也被俘被杀无数。又是台风，使元朝第二次远征日本损失惨重。而日本则因大风而得救，故日本人认为是老天在保佑他们，于是把这两次暴风歌颂为"神风"。

9. "无敌舰队"葬身风暴

16世纪末至18世纪初期,英国和西班牙为争夺海上霸权而展开了海上兵力大较量。这场战争以西班牙"无敌舰队"几乎全军覆灭为结束。从此,西班牙一蹶不振,而英国则一跃成为当时的"第一强国"和"海上霸王"。

公元1587年2月,伊丽沙白女王下令处死了企图借助西班牙支持、意欲篡夺英国王位的苏格兰玛丽女王。西班牙腓力二世闻知这一消息后,非常气愤,发誓要为玛丽女王报仇,日夜赶造舰船,加紧备战。1588年2月建成了一支庞大的"无敌舰队"。该舰队拥有各种舰船130多艘,兵力3万多人。1588年5月22日,舰队冒着风浪驶离里斯本港口。6月19日,船队沿着伊比利亚半岛西海岸北上航行,途中遇到大风,狂涛巨浪席卷着舰队,舰队赶快驶向港口避难。但由于船队太长,后面的船只还未来得及进港,就被大浪掀翻或触礁沉没,约有一半的船只遇难。在西班牙腓力二世的命令下,西班牙舰队休整几日后继续向英国进发,决定与英国决一死战。7月28日,英国把8艘小船改装成火船,当夜向"无敌舰队"发起攻击。只见浓烟滚滚,火光冲天,"无敌舰队"乱作一团,四处逃窜。也许此时"无敌舰队"命不该绝,正当英军乘胜追击时,海面风向突然转向,大火向着英军舰队扑来。西班牙"无敌舰队"的残存船只乘机逃出了英吉利海峡,开始返航西班牙。途中在奥克尼群岛附近海面又突遇飓风,舰队被吹散，部分船只又遭沉没。剩下的船只在绕航到苏格兰和爱尔兰西海岸附近时，再次遇到风暴袭击，几十艘舰船又葬身海底。9月底，仅剩40多艘船只的"无敌舰队"终于返回西班牙。在英国舰队和风暴的共同袭击下，"无敌舰队"几乎全军覆灭，从此，强大的西班牙开始走向衰败。

第六节　风力致热

风给人的感觉是冷的，怎么会致热。其实风是一种能源，能源是可以转换的。风可以驱动机械去做功，利用机械当然可以致热，道理非常简单。

风力驱动机械运动，最明显的是摩擦致热。当物体摩擦时会发热，摩擦速度越快，发出的热量就越大，甚至会冒出火花来。根据这种基本道理，风通过风轮，提供一种原动力，然后做成各种各样的致热器。

风力致热有四种：液体搅拌致热、固体摩擦致热、挤压液体致热和涡电流法致热等。

1. 液体搅拌致热

在风力机的转轴上联接一搅拌转子，转子上装有叶片，将搅拌转子置于装满液体的搅拌罐内，罐的内壁为珲子，也装有叶片，当转子带动叶片放置时，液体就在定子叶片之间作涡流运行，并不断撞击叶片，如此慢慢使液体变热，就能得到所需要的热能。这种方法可以在任何风速下运行，比较安全方便，磨损小。

2. 固体摩擦致热

风力机的风轮雷动，在转运轴上安装一组制动元件，利用离心力的原理，使制动元件与固体表面发生摩擦。用摩擦产生的热去加热油，然后用水套将热传出，即得到所需的热。这种方法比较简便，但是关键在于制动元件的材质，要选择合适的耐磨材料。国内试验，采用普通汽车的刹车片做制动元件，大约运转300 小时就要更换，磨损太快。

3. 挤压液体致热

这种方法要利用液压泵和阻尼孔来进行致热，当风力机带动液压泵工作时，将液体工质（通常为油料）加压，使机械能产生液压作用，多面手让被加压的工质从狭小的阻尼孔高速喷出，使其迅速射在阻尼孔后尾流管中的液体上，于是发生液体分子间的高速冲击和摩擦，这就使液体发热。这种方法也没有部件磨损，比较可靠。

4. 涡电流法致热

这是一种新式的转换效率比较高的发热方法，就是切割磁力线时的涡流发热。大家知道，电动机或发电机工作时，电机都会发热，越是做得不好的电机，发热越厉害，本来这是一件坏事，在电机制造中是要避免的。然而，风力发热就要利用这种矛盾。靠风力机转轴驱动一个转子，在转子外缘与定子之间装上磁化线圈，当微弱电流通过磁化线圈时，便产生磁力线。这时转子放置，则切割磁力线，在物理学上，磁力线被切割，即产生涡电流，并在定子和转子之间生成热。这就是涡电流致热。为了保持磁化线圈不被坏，可在定子外套加一环形冷却水套，不断把热带走，于是人们就能得到所需要的热水。

风力致热在日本、英国、美国、丹麦和荷兰等一些国家有研究，有的可提供 80~90℃的热水，例如日本北海道的"天鹅一号"风力取暖炉，采用直径 10 米的风轮为动力，以挤压液体发热的方式，可产生 80℃的热水，供一家饭店作洗浴和采暖用；同样，英国有一座温室 2000 平方米的采暖也用风力致热，以 16.5 米直径的风轮，搅拌液体发热。目前我国尚未进行风力致热的研究，其实我国东北、华北冬季天冷风大，采用风力致热应具备条件。

第七节 风筝

风筝源于春秋时代，至今已2000余年。相传"墨子为木鸢，三年而成，飞一日而败。"从隋唐开始，由于造纸业的发达，民间开始用纸来裱糊风筝。到了宋代，放风筝成为人们喜爱的户外活动。宋人周密的《武林旧事》写道："清明时节，人们到郊外放风鸢，日暮方归。""鸢"就指风筝。北宋张择端的《清明上河图》、宋苏汉臣的《百子图》里都有放风筝的生动景象。

古代风筝，曾被用于军事上之侦察工具外，更进行测距、越险、载人等，对风筝的利用多有历史记载。

汉代——楚汉相争，韩信曾令人制作大型风筝，并装置竹哨弓弦，于夜间漂浮楚营，使其发出奇怪声音，以瓦解楚军士气。

南北朝——风筝曾是被作为通讯求救的工具。梁武帝时，侯景围台城，简文尝作纸鸢，飞空告急于外，结果被射落而败，台城沦陷，梁武帝饿死留下这一风筝求救的故事。

唐代——将被用于军事上的风筝，已渐转化为娱乐用途，并于宫庭中放风筝。

宋代——把放风筝做为锻炼身体的功能，百姓在清明节时，将风筝放的高而远，然后将线割断，让风筝带走一年所积之霉气。

明代——以风筝载炸药，依"风筝碰"的原理，引爆风筝上的引火线，以达成杀伤敌人之目的。

清乾隆——即有双纸控制风筝详图尺寸与解说。

美国也有放风筝的故事，当时的人们以为雷电与闪光，是宗教上神的怒吼而生恐惧，富兰格林则利用风筝，证明了雷电与闪光是空中放电的现象，而发明了避雷针。二次世界大战美军曾用特技风筝做活动靶，训练打靶。

风筝原理

众所周知，风筝上天有两个必要的条件：

（1）风筝要在有风的天气下，风筝才能放飞；

（2）风筝都得有提线的牵引，断线的风筝在短暂的飘远之后必定会掉下来。

风筝在空中受风，空气会分成上下流层。通过风筝下层的空气受风筝面的阻塞，空气的流速减低，气压升高；上层的空气流通舒畅，流速增强，致使气压减低。扬力即是由这种气压之差而产生的，这正是风筝能够上升的原因。

以上可知，扬力的产生有两个要素：（1）风力；（2）牵引力。这就解释了开头提出的问题，在风力、牵引力和由此产生的扬力三个力的作用下，风筝在空中基本上是达到受力平衡的。

风筝在空中的受力：风力的方向基本上是水平方向，而风筝受风的角度和上扬力的大小，可以由提线方便地控制。几次练习后放风筝者会很快掌握控制风筝的技巧：放风筝的时候，一般是一抽一放。抽的时候，因为风筝提线一般放在风筝面靠上的位置，加大牵引力可以控制风筝角度变小，上扬力增加，风筝稳步上升；放的时候，即平衡的风筝牵引力变小，在风力和扬力的合力作用下，风筝会飞高飞远，但是必须很快又抽，以再次保持风筝的角度稳定。风力正盛的时候可以多放线，当风力稍有下降，就收一些线。

第四章　新能源——风力发电

　　风很早就被人们利用——主要是通过风车来抽水、磨面等，而现在，人们感兴趣的是如何利用风来发电。风力发电没有燃料问题，也不会产生辐射或空气污染。

　　1973 年发生石油危机以后，美国、西欧等发达国家为寻求替代化石燃料的能源，投入大量经费，动员高科技产业，利用计算机、空气动力学、结构力学和材料科学等领域的新技术研制现代风力发电机组，开创了风能利用的新时期。

　　自 2004 年以来，全球风力发电能力翻了一番，2007 年已有 9 万兆瓦。预计未来 20～25 年内，世界风能市场每年将递增 25%，海上风电将进入大规模开发时期。随着技术进步和环保事业的发展，风能发电在商业上将完全可以与燃煤发电竞争。

第一节　风力发电的原理

把风能转变为电能是目前风能利用中最主要的方式。

空气似乎完全看不见，但它其实是流体，与其他流体的区别在于，它的粒子是气体形式而不是液体形式。

当空气以风的形式快速移动时，这些粒子也在快速移动。运动意味着存在可以捕获的动能，就像流水中的能量可以通过水电站大坝中的涡轮捕获一样。在风力发电机中，涡轮叶片旨在捕获风中的动能。其余结构几乎与水力发电装置完全一样：当涡轮叶片捕获风能并开始转动时，它们会转动转子中心与发电机之间的转轴。发电机将转动能转换为电力。就其本质而言，通过风来发电就是将能量从一种介质中转移到另一种介质。

风力发电的原理说起来非常简单，孩童玩的纸质风车就是风力机的雏形，在它的轴上装个极微型的发电机就可发电。

最简单的风力涡轮机包括以下 3 个主要部分：

（1）叶片——当风使叶片运动起来时，便将部分能量转移给了转子。

（2）转轴——风力涡轮机转轴与转子中心相连。当转子旋转时，转轴也随之转动。这样，转子将它的机械转动能转移到转轴，而转轴另一端连接着发电机。

（3）发电机——从最基础的角度来说，发电机是一件非常简单的设备。它利用电磁感应的特性产生电压，也就是电荷差异。电压在本质上是电的压力，它是将电从一点移动到另一点的力。因此产生电压实际就是产生电流。简单发电机由磁体和导体组成，导体通常是线圈。在发电机内，转轴与缠绕着线圈的永磁体连接。在电磁感应过程中，如果导体周围有磁体，那么当其中的磁体与导体之间发生相对旋转时，便会在导体中感应出电压。当转子旋转转轴时，转轴便会旋转磁体部件，从而在线圈中产生电压。电压使电流通过电线流出以进行配电。

那么，多大的风力才可以发电呢？

一般说来，3 级风就有利用的价值。但从经济合理的角度出发，风速大于 4 米/秒才适宜于发电。据测定，一台 55 千瓦的风力发电机组，当风速 9.5 米/秒时，机组的输出功率为 55 千瓦；当风速 8 米/秒时，功率为 38 千瓦；风速 6 米/秒时，只有 16 千瓦；而风速为 5 米/秒时，仅为 9.5 千瓦。可见风力愈大，经济效益也愈大。

现代风力发电机

现代风力发电机采用空气动力学原理，就像飞机的机翼一样。风并非"推"动风轮叶片，而是吹过叶片形成叶片正反面的压差，这种压差会产生升力，令风轮旋转并不断横切风流。

风力发电机的风轮并不能提取风的所有功率，理论上风电机能够提取的最大功率，是风的功率的59.6%，大多数风电机只能提取风的功率的40%或者更少。

现代风力发电机主要包含三部分：风轮、机舱和塔杆。大型与电网接驳的风力发电机的最常见的结构，是横轴式三叶片风轮，并安装在直立管状塔杆上。

图1所示的风力发电机发出的电时有时无，电压和频率不稳定，是没有实际应用价值的。一阵狂风吹来，风轮越转越快，系统就会被吹跨。为了解决这些问题，现代风机增加了齿轮箱、偏航系统、液压系统、刹车系统和控制系统等，现代风机的示意如图2所示。

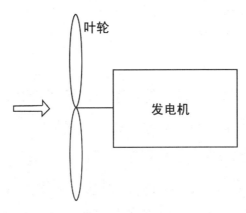

图1

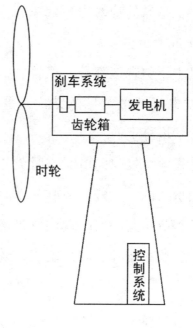

图 2

齿轮箱可以将很低的风轮转速变为很高的发电机转速。同时也使得发电机易于控制，实现稳定的频率和电压输出。偏航系统可以使风轮扫掠面积总是垂直于主风向。要知道，600千瓦的风机机舱总重20多吨，使这样一个系统随时对准主风向也有相当的技术难度。机舱上安装的感测器探测风向，透过转向机械装置令机舱和风轮自动转向，面向来风。

在风速很低的时候，风电机风轮会保持不动。当到达切入风速时（通常3~4米/秒），风轮开始旋转并牵引发电机开始发电。随着风力越来越强，输出功率会增加。当风速达到额定风速时，风电机会输出其额定功率，之后输出功率会保留大致不变。当风速进一步增加，达到切出风速的时候，风电机会刹车，不再输出功率，为免受损。

风力发电机种类

横轴和竖轴：根据叶片固定轴的方位，风力发电机可以分为横轴和竖轴两类。横轴式风电机工作时转轴方向与风向一致，竖轴式风电机转轴方向与风向成直角。

横轴式风电机通常需要不停地变向以保持与风向一致。而竖轴式风电机则不必如此，因为它可以收集不同来向的风能。

横轴式风电机在世界上占主流位置。

逆风和顺风：逆风风电机是一种风轮面向来风的横轴式风电机。而对于顺风风电机，来风是从风轮的背后吹来。大多数的风力发电机是逆风式的。

单叶片、双叶片和三叶片：叶片的数目由很多因素决定，其中包括空气动力效率、复杂度、成本、噪音、美学要求等等。大型风力发电机可由 1、2 或者 3 片叶片构成。

叶片较少的风力发电机通常需要更高的转速以提取风中的能量，因此噪音比较大。而如果叶片太多，它们之间会相互作用而降低系统效率。目前三叶片风电机是主流。从美学角度上看，三叶片的风电机看上去较为平衡和美观。

风电场：岸上风电系统可以是仅有一台风电机，或者由多台风电机器线性排列或方阵排列形成风电场。

风电场的风力发电机相互之间需要有足够的距离，以免造成过强的湍流相互影响，或由于"尾流效应"而严重减低后排风电机的功率输出。

为了配合运送大型设备（特别是叶片）到安装现场，需要建设道路，另外亦需要建设输电线，把风电场的输出连接到电网接入点。

第二节　风力发电起源

1888 年，美国人 Charles F. Brush 建造了第一台风机，是一台12 千瓦直流风力发电机，可为 12 组电池、350 盏白炽灯、2 盏碳棒弧光灯和 3 个发动机提供电力。这是风能利用技术发展过程中的一个里程碑，标志着风能利用从机械能转化跨入电能转化应用的时代。在 1900 年以后，来自克利夫兰中央站的新电力系统被开发出来取代了这个风电机，于 1908 年，这个风电机被停止使用。

由于缺乏常规能源等原因，丹麦成为世界上较早开始进行风力发电研究的几个国家之一。丹麦的风力发电研究始于 1891 年，第一次世界大战期间，由于进口石油的严重短缺，进一步刺激了风力发电业的发展。至 1918 年，丹麦 1/4 的乡村发电站（约 120家）完全采用风力发电，当时的风力发电机功率多为 20～35 千瓦。战后由于石油供应的恢复，这些发电机又很快变得不合时宜了，至 1920 年，仅保留了 75 台风力发电机。第二次世界大战爆发导致的石油紧张，又重新点燃了人们对风能的兴趣。当时活跃在丹麦风力发电工业的公司主要有两家：Lykkegaard 和 F. L. Smidth 公司。

20 世纪 30 年代，丹麦、瑞典、苏联和美国应用航空工业的旋翼技术，成功地研制了一些小型风力发电装置。这种小型风力发电机，广泛在多风的海岛和偏僻的乡村使用，它所获得的电力成本比小型内燃机的发电成本低得多。不过，当时的发电量较低，大都在 5 千瓦以下。

在化石燃料垄断的电力市场中，风力发电不可能成为主流发电技术，可有可无地缓慢发展。进入 20 世纪 70 年代，化石能源枯竭的危机成为美国经济增长和社会稳定面临的巨大挑战，开发化石能源的替代能源成为许多国家能源战略的重要内容，在这种背景之下风电受到广泛的注意和重视，风力发电作为先进的能源储备技术，在 80 年代以后，进入快速发展时期。

1978 年 1 月，美国在新墨西哥州的克莱顿镇建成的 200 千瓦风力发电机，其叶片直径为 38 米，发电量足够 60 户居民用电。而 1978 年初夏，在丹麦日德兰半岛西海岸投入运行的风力发电装置，其发电量则达 2000 千瓦，风车高 57 米，所发电量的 75%送入电网，其余供给附近的一所学校用。

1979 年上半年，美国在北卡罗来纳州的蓝岭山，又建成了一座世界上最大的发电用的风车。这个风车有十层楼高，风车钢叶片的直径60米，叶片安装在一个塔型建筑物上，因此风车可自由转动并从任何一个方向获得电力，风力时速在38千米以上时，发电能力也可达2000千瓦。由于这个丘陵地区的平均风力时速只有29千米，因此风车不能全部运动。据估计，即使全年只有一半时间运转，它就能够满足北卡罗来纳州7个县1%～2%的用电需要。

国际上利用风力发电是20世纪末发展和壮大起来的，随着风电技术不断进步，容量逐步增大，单机容量已达几百千瓦，并有兆瓦级风力发电机问世。近十几年来风力发电机产品质量有了显著提高，作为一种新的、绿色的、干净的能源而受到国际上风能资源丰富国家的关注与大规模开发。

风电的优越性可归纳为下面5点：

（1）风力发电是一种干净的自然能源，没有常规能源（如煤电，油电）与核电会造成环境污染的问题。

（2）风电技术日趋成熟，产品质量可靠，已是一种安全可靠的能源。

（3）风力发电的经济性日益提高，发电成本已接近煤电，低于油电与核电。若计算涉及煤电的环境保护与交通运输的间接投资，则风电经济性远远优于煤电。

（4）风力发电场建设工期短，单台机组安装仅需几周，从土建、安装到投产，只需半年至1年时间，是煤电、核电无可比拟的。投资规模灵活，有多少钱装多少机。目前商用大型风力发电机组一般为水平轴风力发电机，它由风轮、增速齿轮箱、发电机、偏航装置、控制系统、塔架等部件所组成。

（5）风能是一种无污染的可再生能源，它取之不尽，用之不竭，随着生态环境的要求和能源的需要，新能源的开发日益受到重视，由于风力发电经济性日益改善，人们对其越来越重视。

第三节 小型风力发电机

近年来，随着世界范围内对环境保护、全球温室效应的重视，各国都竞相发展包括风能在内的可再生能源利用技术，将风能作为可持续发展的能源政策中的一种选择，不论对并网型的大型风力发电机还是适用于边远地区农牧户的离网型小型风力发电机都给予了很大的政策支持。

小型风力发电机组的组成：小型风力发电机组一般由下列几部分组成：风轮、发电机、调速和调向机构、停车机构、塔架及拉索、控制器、蓄电池、逆变器等。

风轮：小型风力机的风轮大多用 2 ~ 3 个叶片组成，它是把风能转化为机械能的部件。目前风轮叶片的材质主要有两种。一种是玻璃钢材料，一般用玻璃丝布和调配好的环氧树脂在模型内手工糊制，在内腔填加一些填充材料，手工糊制适用于不同形状和变截面的叶片，但手工制作费工费时，产品质量不易控制。国外小风机也采用机械化生产等截面叶片，大大提高了叶片生产的效率和产品质量。

发电机：小型风力发电机一般采用的是永磁式交流发电机，由风轮驱动发电机产生的交流电经过整流后变成可以储存在蓄电池中的直流电。

调向机构、调速机构和停车机构：为了从风中获取能量，风轮旋转面应垂直于风向，在小型风机中，这一功能靠风力机的尾翼作为调向机构来实现。同时随着风速的增加，要对风轮的转速有所限制，这是因为一方面过快的转速会对风轮和风力机的其他部件造成损坏，另一方面也需要把发电机的功率输出限定在一定范围内。由于小型风力机的结构比较简单，目前一般采用叶轮侧偏式调速方式，这种调速机构在风速风向变化转大时容易造成风轮和尾翼的摆动，从而引起风力机的振动。因此，在风速较大时，特别是蓄电池已经充满的情况，应人工控制风力机停机。在有的小型风力机中设计有手动刹车机构，另外在实践中可采用侧偏停机方式，即在尾翼上固定一软绳，当需要停机时，拉动尾翼，使风轮侧向于风向，从而达到停车的目的。

凡是风力资源较好（年平均风速大于 4 米/秒，没有台风灾害）、电网不能到达或供电不足的牧区、农区、湖区、滩涂、边远哨所等地区，都比较适合开展小型风力发电机的推广应用工作。例如中国内蒙古草原牧区应用小型风力发电机非常普遍，切

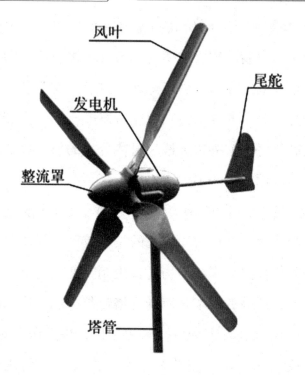

风叶

尾舵

发电机

整流罩

塔管

小型风力发电机

实解决了牧民的用电问题。

　　小型风力发电机都采用蓄电池贮能，家用电器的用电都由蓄电池提供。用电时总的原则是，蓄电池放电后能及时由风力发电机给以补充。也就是说，蓄电池充入的电量和用电器所需消耗的电量要大致相等。另外，有条件的地区和用户可备一台千瓦级的柴油发电机组，当风况差的时候给蓄电池补充充电，做到蓄电池不间断地供电。

　　我国较大规模地开发和应用风力发电机，特别是小型风力发电机，始于 70 年代，当时研制的风力提水机用于提水灌溉和沿海地区的盐场，研制的较大功率的风力发电机应用于浙江和福建沿海，特别是在内蒙古地区由于得到了政府的支持和适应了当地自然资源和当地群众的需求，小型风力发电机的研究和推广得到了长足的发展。对于解决边远地区居住分散的农牧民群众的生活用电和部分生产用电起了很大作用。

80 年代中后期，我国小型风力发电机已形成规模化生产的能力，但由于当时对小型风力发电机的技术难度认识不足，没有适时建立产品质量检测体系和市场监督机制，使大批低质低价产品进入市场，导致产品的成本与市场价格错位，优质产品的企业失去市场。低质风机进入市场后，问题频出，售后服务难以应付，用户信心遭受打击，从而使整个小型风力发电机制造行业全面萎缩。

近年来，随着中国风电设备的国产化，风光互补系统等新型技术的日渐成熟，小型风力发电的成本可望再降，经济效益和社会效益提升，小型风力发电市场潜力巨大。小型风电机组相关设备制造、小型风电技术研发、风电路灯等领域成为投资热点，市场前景看好。经过努力，小型风力发电机已走出阴影，正在国家政策、市场利润的引导下快速发展。

目前我国小型风力发电技术比较成熟，现在可以生产 100瓦、200 瓦、300 瓦、500 瓦、800 瓦的百瓦级小型风力发电机和1 千瓦、2 千瓦、5 千瓦、7. 5 千瓦、10 千瓦的千瓦级小型风力发电机。有的工厂还试制出了 50 千瓦的风力发电机。目前国内销量最大的是 300 瓦的小型风力发电机，其次是 200 瓦、500 瓦和 1 千瓦的小型风力发电机，5 千瓦以上的风力发电机在国内销量较少。

中国已成为全球最大的小型风力发电机生产国，有 30 多个厂家从事小型风力发电机及其配件的生产、研发和销售工作。小型风力发电机产品主要服务于国内市场，部分质量、外观双优的产品远销国外市场。

第四节　海上风电

风力发电将目光瞄准海洋是必然的。陆地面积有限，当陆地上能够安装风电机的地方趋于饱和，人们自然就开始考虑将风电机立于海上。

利用海上风能相比于陆地风能有很大的优势：

首先就是风力更加强劲，这就意味着更高产出。按照德国内陆和北海上统计数据来计算，一台 5 兆瓦的风电机在内陆地区平均年满负荷有效利用小时数约为 2000 小时，纯计算来说年发电量大约为 1 千万千瓦时；而同样的 5 兆瓦风电机立在北海上，平均年满负荷有效利用小时数能够达到 3700～4000 小时，纯计算年发电量在 1600 万～2000 万千瓦时。这也就是说同样的风电机

海洋风能前景广阔

立在海上比立在内陆可以提高 60% ~ 100% 的年收益。当然，各个国家海洋上和内陆风力的比例不尽相同，总的说来近海可利用风能总量大概相当于陆地可利用风能的 3 倍。

再就是海上风电不占用陆地上宝贵的土地资源。风电场往往需要大面积土地，北欧国家土地资源有限，最早把目光投向海洋，随后各国都发现了海上风电的优势。即便对地大物博的中国来说，也有土地利用的考虑。中国领土有 960 万平方千米，但可用平原和盆地面积总共还不足 30%，其余均为山区、高原和丘陵地带，建造陆地风电机要占用大量的土地资源。中国领海面积大约为 300 万平方千米，发展海上风能可用的大陆架面积广阔。

在生态保护方面，来自瑞典的研究表明，海洋上的风电设备对鸟类的影响也不大，鸟类能够很快地认识新安装的风电设备并绕飞。相类似的研究结果表明，海洋风电设备对海豚等生物的影响也不大。最大的影响是在安装期间，安装完成之后几乎对动物不产生什么负面影响。当然，发展海洋风能也有难点，除资金和管理上的问题外，技术上的难点表现在以下几个方面：

海洋风能的第一大技术难点就是稳固性问题。立在海上的风电机机塔和底座的受力情况比陆地风电机机塔和底座要复杂得多，不仅要考虑风给风电机的整体受力，还要考虑海浪带给机塔和底座的受力。尤其重要的是要根据海底地基情况来设计风电机底座，以保证风电机可以在风浪中稳定地运行。如何消除自然灾害带来的影响，比如台风、地震带来的海啸等，是目前海洋风电产业中无法解答的难题。

发展陆地风能，发电机和叶片是关键；而发展海洋风能，机塔和底座是关键。如果在我国北方建立海上风电场，那么每年冬季海面上的浮冰将会是风机安全的最大威胁，高高耸立的风机很难抵挡住浮冰的冲击。而在我国南方，台风又成为了风电场安全的"第一杀手"。一般来说，当风力超过10级时，对风电场的破坏性很大，可以直接摧毁外部设备，也可能因转速过快导致机器烧毁。

目前海洋风机使用的几种底座：

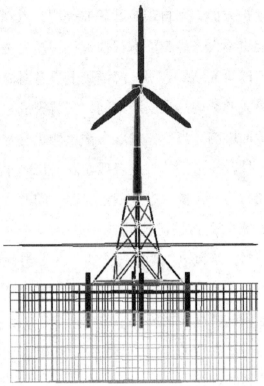

Jacket 格架式：跟海上石油钻井台的结构类似，都是采用钢管和铸件焊接在一起而做成的支撑塔。这种底座技术相对成熟，所有制造石油钻井台的公司都可以生产制造这种底座，适用水深可达 40 米。优点是重量轻，技术成熟，有较多的供应商可以选择；缺点是结构比较复杂，前期的力学分析以及对环境的考察要求比较高，尽管由于技术成熟可以带来成本的节约，但总体上看，Jacket 结构的价格仍然很高

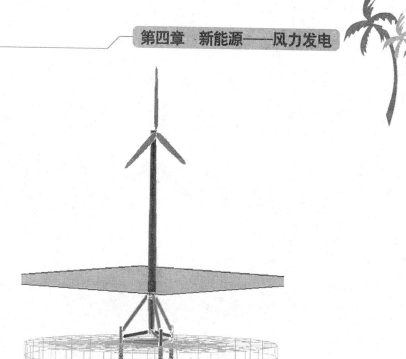

三角架式（Tripod OWT）：这里的 OWT 是德语里海洋用风电机三角架的缩写，最初是由德国 Leer 的一家公司专门为 Multibrid 设计的，享有专利权。这种结构比较复杂，但承受能力十分强，特别适合海上恶劣的工作环境，目前设计适用水深为 20~30 米，但稍加延长可以应用于 40 米的水深中。这种结构的优点就是稳定性强，对风暴的承受能力也十分强；缺点就是底座本身比较重，结构复杂，制造成本较高

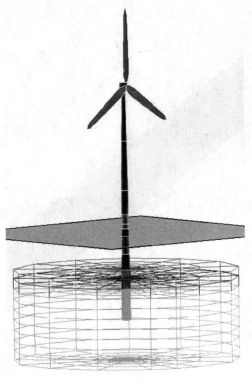

直杆式（Monopile）：顾名思义就是一根杆式样的支撑底座，跟陆地上的普通风电机没有区别，只是支撑底座的直径更大，钢板也更厚。一般来说，这种底座适用的水深不超过20米，风力一般而且平和的区域。优点是结构简单，便于制造，节省材料；缺点是适用范围较小，对风暴的承受能力较低

技术难点之二就是制造和运输。海上风电机的零部件，无论是体积还是重量，都已经大大地超越了传统陆地工业产品所能达到的程度。这就给制造以及运输海上风电机的零部件带来很大的困难。

制造方面比较典型的是叶片，目前海上风电机用的最长的叶片已经超过了 60 米，重量超过 40 吨，安装后风电机在额定功率下旋转，叶片尖端速度会超过 300 千米/时。在这种情况下，还要保证 20 年的使用寿命。这些技术要求无论是在材料学上、结构设计上，还是在生产工艺上都要达到前所未有的高度。

技术难点之三就是安装以及维护。海上气候变化大，风险高，一年内适合安装维护的日子并不多，假如海上风机在一个不适合的时间段发生故障，那么只能等到天气状况允许的情况下才可以派出维修人员和设备进行修复。如果不走运的话，一台风机很可能停转六七个月，而且都是风力最盛的月份。这个损失是以百万、千万计的。

安装英国 Beatrice 风电场时候的照片，采用的是 Jacket 结构，水深大概 40 米

安装英国 Beatrice 风电场时候的照片

技术难点之四：并网。海上风电场没有现成的电网可用，必须要铺设海底电缆将风电机所发出的电能输送到陆地，涉及到了非常复杂的输变电技术，同时也涉及到了跨地域合作调度的问题。

自 1991 年丹麦建成第一个海上风电场以来，海上风电一直处于实验和验证阶段，发展缓慢。随着风电技术的进步，海上风电开发开始进入风电开发的日

巴林世贸中心高楼上的风力发电机

程。2000年，丹麦政府出于发展海上风电考虑，在哥本哈根湾建设了世界上第一个商业化意义的海上风电场，安装了20台2兆瓦的海上风机。如今海洋风电技术已经发展了十多年，无论是技术和管理，都已经具备了成熟的发展条件。世界上已经有海上风电场，还有一些国家的海上风电场包括英国、德国、瑞典和法国等正在开发中。在海上风电场的建设方面，德国的规划可谓气势宏伟，累计安装容量排名第一，称得上是欧洲地区的主阵地。丹麦在风力发电领域占有领导地位，丹麦有世界上最大的海上风电场。

丹麦东南部海上一个风电场，由72台风力发电机构成，按照每排9个，一共8排的队形排列，所有的发电机均为三桨式设计，按照顺时针的方向旋转，这就是所谓的丹麦风格

截至 2007 年底，世界上的海上风电场集中在北欧的几个国家，共 300 台风机，约 600 兆瓦的总容量。到 2009 年 6 月份，世界各国海上风电场的总装机容量已经达到 1500 兆瓦，另外还有大约 2800 兆瓦的装机容量在建设当中。2007 年 3 月，欧盟公布了能源发展绿皮书，提出风电在 2020 年的欧盟范围发电总量中占 12%，其中海上风电占 1/3 的目标。按照欧洲风能协会的计算，到 2020 年，欧洲风电装机 1.8 亿千瓦，海上风电约为 8000 万千瓦。

位于距丹麦哥本哈根市中心几千米的海面上一个风电场，风机通过海底电缆与 3.5 千米以外的电厂的变压器相连

中国海上风电的发展仍然处于起步阶段，中国东部沿海的海

上可开发风能资源约达 7.5 亿千瓦，不仅资源潜力巨大且开发利用市场条件良好，只是由于中国沿海经常受到台风影响，建设条件较国外更为复杂。

2004 年，广东南澳总投资达 2.4 亿元的海上 2 万千瓦风电场项目已经获得批准立项，这是中国首个海上风电场建设项目。2005 年中，河北省沧州市黄骅港开发区管委会与国华能源投资有限公司签署协议，合作建设总装机容量约 100 万千瓦的国内第一个大型海上风力发电场。2007 年底，上海市东海大桥 100 兆风电场投资业主的招标评标工作在上海圆满闭幕。2007 年 11 月 28 日，地处渤海辽东湾的中国首座海上风力发电站正式投入运营，这为今后中国海上风电发展积累了技术和经验，标志着中国风电发展取得新突破。

上海东海风力发电有限公司开发东海大桥 100 兆瓦海上风电场项目，工程总投资 22.5 亿元，预计 2010 年投入使用，将成为亚洲最大规模的海上风力发电场，可满足上海 20 万户居民的生活用电。

第五节　世界风电产业形势

自 20 世纪 70 年代初第一次世界石油危机以来,能源日趋紧张,各国相继制定法律,以促进利用可再生能源来代替高污染的能源。从世界各国可再生能源的利用与发展趋势看,风能、太阳能和生物质能发展速度最快,产业前景也最好。

风力发电在可再生能源发电技术中成本最接近于常规能源,因而成为产业化发展最快的清洁能源技术。全世界风力发电迅猛发展的原因主要有以下几个:

(1) 风力发电技术比较成熟。

近 20 年来,德国、美国、丹麦、中国等国家投入了大量的人力、物力和财力研究可以商业运营的风力机,取得突破性的进展。可利用率从原来的 50% 提高到 98% ,风能利用系数超了 40% 。由于采用计算机技术,实现了风机自动诊断功能,安全保护措施更加完善,并且实现了单机独立控制、多机群控和遥控,完全可以无人值守。现代风力机技术可以说是现代高科技的完善组合,主要零部件都是国际上最具有实力的企业生产的,设计寿命可达 20 年,基本上不需维修,只要定期维护就可以了。目前,百千瓦级风机已经商品化,投入批量生产,兆瓦级机组也正小批量生产。

（2）风力发电具有经济性。

目前，据美国能源部 2000 年统计，全世界风力发电机组的单位造价已降为 1000 美元/千瓦，单位发电成本为 4～7 美分/千瓦时；而火力发电单位造价为 700～800 美元/千瓦，单位发电成本为 5～8 美分/千瓦时，因此风力发电可以和火力发电相竞争。由于地球上煤炭储藏量日趋减少，开采日益困难，煤炭价格上涨，火力发电污染环境，脱硫、脱氮处理费用较高，从而使火力发电价格上涨。随着风力发电技术的提高，容量的增大，风力机的大规模生产，造价和发电成本将进一步下降，成为最廉价的电源之一。和其他新能源或可再生能源相比，风力发电成本也是比较低的，因此，风力发电也是新能源或可再生能源中的佼佼者。

（3）全球有丰富的风能资源。

据统计，全球风能潜力约为目前全球用电量的 5 倍。美国 0.6% 的陆地面积安装风力发电机，便可以满足美国目前电力需求的 20%。风能足以满足全部或大部电力的国家有：阿根廷、加拿大、智利、中国、俄罗斯、英国、埃及、印度、墨西哥、南非和突尼斯，它们的 20% 或更多的电力可以由风电提供。

（4）政府的优惠政策。

美国政府为风力机行业提供 40% 的信贷；德国政府也给风力机投资者提供资助，资助金额最高达单台风力机投资的 60%；丹麦政府对风力机投资者提供资助，20 世纪 80 年代初期为 30%，以后逐年减少。这些优惠的政策，促进了风力商品化进程，这也是以上 3 个国家能成为世界上风电生产大国的一个主要原因。

进入 21 世纪，全球可再生能源不断发展，其中风能始终保持最快的增长态势，并成为继石油燃料、化工燃料之后的核心能源，目前世界风能发电场以每年 32% 的增长速度在发展。世界风电产业形势大致如下：

世界风电装机容量发展迅猛

基于美国、德国、法国、丹麦等发达国家对发展风能的高度关注，以及积极出台并实施促进风电发展的相关政策、措施，极大地推动了世界风电产业的发展。截止到 2008 年 12 月底，全球的总装机容量已经超过了 1.2 亿千瓦。2008 年，全球风电增长速度达到 28.8%，新增装机容量达到 2700 万千瓦，同比增长 36%。2008 年，欧洲、北美和亚洲仍然是世界风电发展的三大主要市场，占世界风电装机总容量的 90% 以上。

欧洲引领世界风电产业的发展

20 世纪 90 年代起，欧洲制订了《风电发展计划》，确立了风电发展目标：2010 年风电装机容量达到 40 吉瓦（1 吉 = 1000 兆），并要求其成员国基于此发展目标制订本国的发展目标与计划。在德国、西班牙和丹麦等国推动下，风电在欧洲大多数国家得到了快速的发展。欧洲 2008 年风电新增装机容量为 880 万千瓦，累计装机容量达到了 6600 万千瓦，根据欧洲风能协会消息，风电首次在欧洲成为新增电力装机容量的领军能源。欧洲风能协会首席执行官 Christian Kjaer 说："欧洲的风电装机数据显示，风能已经毋庸置疑地成为了欧洲迈向清洁能源道路的首要选择，投资风能是欧盟成员国走向清洁能源道路的最为明智的投资选择。投资风能意味着支持领先的技术，保护气候和降低能源依赖，提高能源安全，以及促进就业和增加商业机会。"

发达国家积极出台促进风能发展的计划与政策

目前世界各国已提出的或正在实施的风电扶持政策和措施，大体上可划分为四类：

强制性政策：这类政策主要指由政府主持制定的有关法律、法规和政策，以及由其他非政府部门提出，政府批准的技术政策、法规、条例和其他一些具有强制性的规定。如美国能源政策法等。

经济激励政策：它包括由政府制定或批准执行的各类经济刺激措施。如各种形式的补贴、价格优惠、税收减免、贴息或低息贷款等。

研究开发政策：它是指风电技术在研究开发和试点示范活动中，政府的态度和所采取的行动。

市场开拓策略：它是在项目实施过程中，采用某些有利于风电技术进步的新的运行机制和方法。如公开招标、公平竞争、联合开发方式等。

其中经济激励政策是各国常用的扶持风电发展的手段。主要有补贴政策、税收减免、低息贷款政策和鼓励电价（即价格政策）。

美国政府实施系列法律法规及经济激励措施。美国是现代联网型风电的起源地，也是最早制定鼓励发展风电法规的国家。德国出台促进风电入市政策。英国实施风电到户计划。法国制定风电发展计划。丹麦确立风电长期发展目标。西班牙确定风能发展的长期政策。印度出台促进风能发展的优惠政策。日本推进风能的开发与利用。日本政府为加速风能等新能源的开发与利用，相继颁布了系列政策与法律。

第六节　风能的未来

风无处不在，风能的前景广阔，激发着无数人的想象，而且很多都正在从梦想走进现实，下面我们向大家介绍的几个创意，已经不再是图纸上的东西，它们或许会在某一天来到每一个人身边，它们代表着风能的未来。

风能建筑——巴林世贸中心

在波斯湾南部，卡塔尔和沙特阿拉伯之间的海域上，有一片阳光明媚且常年多风的群岛，名叫巴林王国群岛。这里是世界石油能源的核心之地，但最近此地引发全球关注的原因，却不是燃烧消耗型的石油资源，而是一座史无前例的风力节能型摩天大楼——巴林世贸中心。

巴林世贸中心

巴林世贸中心正是全球第一座利用风能作为电力来源的摩天大楼。大厦于 2008 年 4 月完工，如今雄踞巴林王国麦纳麦市中心的中央商务区，由两座传统阿拉伯式"风塔"高楼组合而成，上尖下宽，如一对比翼的海帆，掣风展开，强健有力，傲岸于蔚蓝色的阿拉伯湾。

近 20 年来，太阳能与建筑一体化设计发展迅速，而风能由于其不稳定性和噪音污染等问题很难大规模地与建筑进行一体化设计。巴林世贸中心可称为风能建筑一体化的典范之作，这是人类建筑史上的一个重要里程碑，是地球可再生能源的一次成功的重大尝试。

巴林世贸中心的设计师是肖恩·奇拉，他设计的世贸中心图样是古典与现代结合的产物，借鉴了阿拉伯传统建筑讲究双塔并立的基本外形，奇拉在双塔之间 16 层（61 米）、25 层（97 米）和 35 层（133 米）处分别设置了一座重达 75 吨的跨越桥梁，3 个直径达 29 米的水平轴风力发电涡轮机和与其相连的发电机被固定在这 3 座桥梁之上。

不过，将风力发电机与建筑本身结合起来毕竟是一种前所未有的设计理念，自然会遇到前人从未遇过的设计与实施难度，其风力能源设计难题主要有两大方面。

首先是双塔之间的风力发电机叶轮设计遭遇挑战。一般风力发电场的叶轮都是安置在直杆上，便于叶轮持续保持迎风状态，旋转面也可随风向的偏转进行适时转向。而奇拉的设计采用横梁托载方式，将旋转叶轮固定在水平位置上，固定之后便不能再动，旋转面自然也就休想随风调节方向。不能随风调节，也就意味着不能保证足够时长的正面迎风状态，相应的电能产量也会降低。

第二个难题是奇拉在设计中将 3 个风力叶轮从 50 层楼的高空依次摆放，3 个风力叶轮的位置处于不同的水平面上。这种设计保证了世贸中心的建筑整体感，避免双塔之间过于空洞，失却美感，但 3 个风力叶轮却因此要分别面对不同高度气流的风力。

要知道，风速随海拔高度逐渐增强，位置越高的叶轮旋转理论上的运转速度越快。这对于建造厂商来说是无法接受的，因为 3 个风力叶轮必须保持同一标准的旋转速度，否则高层旋转速度越快的叶轮耗损速度也越快。

巴林世贸中心高楼上的风力发电机

奇拉开始在楼体设计上展开奇思妙想。

首先是引入坡面流线型的三角大楼设计，这样可以利用气流原理，将更多高处的气流引导向低处，同时降低高位风力机的御风强度，且将更多的风力传输给低位的风力机使用。经过精确的计算和气流模拟，这套设计最终可以确保三座风力机保持大体相同的运转速度，制造的电能也保持在同一标准内。

其次，在这个基础上，奇拉还要寻找解决风向问题的方案。因为风力决定发电量，风力机若无法保持足够时长的正面风力，便无法保证足够的发电量供大厦使用。在动力学工程师的帮助下，奇拉精确地模拟了气流在双塔之间的流程，惊喜地发现气流通过挤压之后，流向风力机的时候，风速竟然可以提高20%。更令人惊讶的是奇拉的坡面流线型楼体设计带来的捕风效果，即便是遇到45°斜角度吹来的风，气流一旦与楼体相撞，路线也会变成S型，灌入双塔之间，对风力机形成正面的气流冲击，让叶轮保持旋转速度。

经此实验，奇拉更有理由相信地面建筑完全能够掌控风行走的方向，无论风从哪个方向吹过来，巴林世贸中心的两座楼体都能将风进行引导利用，化作强度更高的风力来带动风力机。

大楼的椭圆形截面使它们中间区域的空间陡然变窄，构造成一个负压区域，将塔间的风速提高了约30%。而塔楼设计成风帆般的外形，起到导风板的作用，引导向陆地吹来的风通过两塔之间。这样的处理还使原本斜向的来风改变方向，沿着塔间的中线吹拂。风洞测试表明，从左右不大于45°吹来的风都会调整到几乎垂直于发电风车的走向。这不但提升了涡轮机的潜在发电能力，还将斜向风对风翼的压力控制在可接受极限内，尽量减少风翼的疲劳。而在实际的运行规范中，更规定当风向和中线夹角达到或超过30°时，会采取措施进入"停顿"模式。

在垂直方向上，塔的造型也有空气动力学的考虑，随着塔

楼向上逐渐变小，其导风板的作用
也逐渐减少；而海面吹来的风却是
随高度的增加而逐渐增加，两者的
综合效果使 3 个涡轮机上受风的风
速大致相等，尽量做到能量的平均
分布，避免高处的涡轮机过早受
损。实际效果上，如果把中间涡轮
机的发电能力视为 100% 的话，上
方和下方涡轮机的发电能力分别是
109% 和 93%，做到了大致相等。

巴林风机

　　发电风车满负荷时的转子速度
为 38 转/分，通过安置在引擎舱的
一系列变速箱，让发电机以 1500 转/分的转速运行发电。设计的
最佳发电状态在风速 15～20 米/秒时，约为 225 千瓦。风机转子
的直径为 29 米，是用 50 层玻璃纤维制成的。在风力强劲，或需
要转入停顿状态时，翼片的顶端会向外推出，增加了转子的总力
矩，达到减速目的。风机能承受的最大风速是每秒 80 米，能经
受 4 级飓风（风速 69 米/秒以上）。

　　这 3 架风机每年提供约 130 万千瓦时电力，可供 300 个普通
家庭一年之用。那么，巴林世贸中心是不是称得上"以可持续能
源供电"呢？还差得很远。这 3 台风力发电机发出的电力只相当
于世贸中心所需能量的 11%～15%。有人说它太不现实，有人说

它投入产出率不对等，也有人说它费尽心力也只不过解决了自身11%～15%的电能需求，甚至说它不值得后人效仿，但谁都不能质疑巴林世贸中心迈出了历史性的一步，这座建立在石油核心产区之上的风能建筑带给人类的思考是不容忽视的。

高空风能——风筝发电

世界各国都在关注高空风能的开发。低空的风力并不恒定可靠，因此，一般风力发电站通常都设在可获得持续风能的高地或者海边。并且，为了提高风轮机的发电量，风车也越造越高，在夏威夷珍珠港北岸的世界上最大的风轮机高达122米。

风筝电站假想图

在高空建造一个标准的涡轮风力发电机几乎是不可能的，然而风筝很容易到达高空，人们在想到高空发电时竟然把风筝和风能联系在一起，而且有很多人在为此努力，目前全世界已经有许多关于风筝发电的点子。

先来说"风筝船"的事。2008 年 1 月，世界上第一艘由巨大的风筝提供部分动力的商船开始首航，从德国不来梅港出发，驶往委内瑞拉。悬在货轮上方的超轻合成纤维巨型风筝，可上升至 300 米高空，把风力和风向输入船上的计算机，指挥风筝沿围绕货轮的轨道移动，由不同方向拉动货轮，减少轮船的引擎负荷，风力最理想的状况下最高可省下一半的燃料。

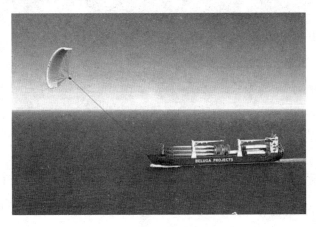

风筝船示意图

风筝船的发明者史蒂芬·瑞吉希望通过这项试验，能降低船只每天 20% 的燃料费，即 1600 美元。过去五年他以 55 米长的船只进行近 30 次试航，节省能源的效益都远超过预期。风筝船之所以受到关注，是因为航运公司除了一直在寻找解决飞涨的燃料价格问题的方法以外，降低排污量也越来越受到重视。世界上有

5万艘商船，它们90%运送的是货物，这些货物从石油、天然气、煤和谷物到电子产品，可谓五花八门，应有尽有。这些船每年排放8亿吨二氧化碳，大约相当于世界每年二氧化碳总排放量的5%。

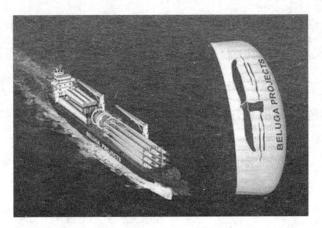

风筝船在航行中

风筝船已经启航，风筝发电也在进行努力。澳大利亚悉尼科技大学机械工程学教授布莱恩·罗伯茨认为，海拔4600米到1万米的高空，气流强劲而稳定，是理想的空中风电场。在美国加利福尼亚和圣地亚哥，罗伯茨与另外3个工程师启动试验，推出了他的"高空风车场"计划。

在"风车场"里，风筝与风车发电机的主要组件风轮机被设计在一起，主要发电设备将全部被放上高空，就像一只真正的风筝。这只风筝有一个H型的巨大支架，支架上安装着发电机，支架的四端分别还有4个大型风轮机。这4个风轮机可像直升机螺旋桨一样旋转，带着发电机飞向高空。罗伯茨可以通过风筝上的全球定位系统确定其方位，在理想的高度利用风轮机的电脑辅助控制仪调整风筝迎风倾斜的角度。当风筝最终悬停在 1 万米高空时，地面电站停止供电，此时时速近 320 千米的强劲气流会吹动风车叶片发电。把风筝与地面紧密维系的是特制的电缆，将转化的电能以 2 万伏的高压通过两根铝丝输送到地面。

为了把这套复杂的设备送上天，罗伯茨必须尽量减轻它的体重。采用碳纤维、铝和玻璃纤维等材料制造的风轮机重约 2 吨。当这只超过 8 吨的"超级风筝"在万米高空遇到 320 千米/时的强风时，电缆核心直径 7.6 厘米的超轻纤维缆绳可以保证它不被吹走。

在 1 万米的高空，大气环流永远不会停息。罗伯茨估计自己的风筝发电机"比起经常因为无风而在地面上闲置的风车，发电能力高出 3 倍"，而且高空可以不受地形地势等地理环境的限制进行电力输送，也大大降低了成本。据估计，300 个这样的发电风筝在 200 平方千米的空域组成一个"高空风车场"，就足以供应整个芝加哥市的电力需求。罗伯茨表示用这台"高空风车"来发电，每千瓦时电的生产成本不到 2 美分。

除了罗伯茨的风筝发电外，荷兰代尔夫特工业大学曾有一个"梯式电站"的研究项目，他们设想把一组大风筝用缆绳串连成风筝环放飞到几千米的高空，由电脑控制使风筝环一边比另一边获得的风力高出更多，而带动整个风筝环旋转，旋转产生的动力传递到地上的发电机，转化成电能。他们成功地进行了实验，放飞的风筝有 10 平方米大小，在高空中它持续工作生产出 10 千瓦时的电量，这足以满足 10 户家庭用电需求。"梯形电站"负责人说："风筝放飞在离地面 1000 米或者更高地方，利用那里的风进行发电，这种发电方式具有非常便宜的优势。高空的风与地面的风相比，其携带能量是后者的几百倍，我们必须利用好自然界提供给我们的一切资源，我们需要更多的获取能源的方式，风筝发电就是一种非常吸引人的方式。"

而加拿大的飞艇工程师佛瑞德·费格斯则把飞艇和风车组合成"飞艇风车"，利用飞艇把桶形风车带到 45～120 米的空中收集风力再由电缆输送到地面发电。这种"飞艇风车"被设计得很小，比较适合家庭使用。

德国科学家想要设计出专供家庭使用的小型风筝发电设备：把发电机安装在房顶，然后把风筝放飞到 100 米的高处收集风能，用来供给家庭所需的不到几千瓦的电力。

然而，这些好点子并非都能得到实现。"梯式电站"已经停止研究，而"飞艇风车"也依然停留在设计图纸上。罗伯茨的"高空风车实验机"虽然已在地面风洞试验中成功，然而他至今仍无法筹集到制造和试验原型机所需的 400 万美元资金，"高空风车场"计划遭到投资者的冷遇。

不过仍有很多人在研究风筝发电，而且很多企业已经开始着手风筝发电，英国风能协会的一位发言人对风筝发电的态度具有一定代表性，他称风筝发电能更充分地利用高空喷气流和风能，这项技术具有巨大的潜力。

风力汽车——绿鸟

和帆船运动一样，行驶在陆地上的风帆动力车如今也是一项在欧美地区非常普及的娱乐休闲运动。有关陆地风帆动力车的正式文献记录出现在 1909 年，那一年在法国和比利时的海滩上举办了世界上第一届陆地风帆动力车大赛。从此，陆地风帆动力车比赛成了一种固定的竞技娱乐项目。跟许多竞技体育项目类似，风帆动力车也有很多不同的款式和车型。另外，按风帆动力车的驱动原理来划分，它还可以分为风力驱动和风力电动车。前者单纯靠风力驱动，而后者则通过安装在汽车控制设备中的风力涡轮机驱动前进，该设备可以把风能转化成电能。与前者相比，后者往往具备较高的时速，最快的甚至能达到风速的 3～5 倍。

2009 年 3 月，英国工程师理查德·杰金斯在美国拉斯维加斯南部的爱雯帕湖驾驶风力车"绿鸟"号，在风速仅为 48.2 千米/时的情况下，创造了行驶 202.9 千米/时的最快世界纪录。此前由美国人创造的风力车速度纪录是 187.8 千米/时。

"绿鸟"风帆动力车的名字受到了极速英雄马尔科姆·坎贝尔的启发，他曾经驾驶一辆名为"蓝鸟"的赛车，在 1924～1935 年这 9 年的时间里，先后 9 次成功地刷新了人类陆上交通工具的最快速度，被人尊称为英雄坎贝尔。毫无疑问，他不断挑战

杰金斯与他设计的风力车

人类极限速度的勇气和高超的技术深深地鼓舞和激励了理查德·杰金斯。但是和偶像坎贝尔以及他的坐骑"蓝鸟"相比，"绿鸟"号的车身里并没有功率劲霸的 V12 引擎，驱动它前进的唯一动力是自然界随处可见的风。正如"绿鸟"风帆动力车的合作伙伴，也是环境能源公司的经理文斯所说的："我们将循着马尔科姆·坎贝尔的足迹，来打破世界上最快的陆上速度纪录。坎贝尔打破它使用的是今天最普遍的化石燃料和大排量的引擎，而我们使用的则是在明天才会流行的新能源——风。"

对于一辆普通汽车来说，只要它的拥有者配备了足够排量的引擎，就可以获得较快的速度。但是对于没有引擎的风帆动力车来说，风力却不一定和车速成正比，更大的风并不意味着能带来更快的速度。只有当技术运用得当时，风力才有可能转化成速度。如何合理地利用风力，让风成为速度的推进器而不是减速器，最大化升力的同时尽可能地使阻力最小化，是困扰所有风力车最核心的问题。

"绿鸟"风力驱动车

与传统的风帆汽车不同的是，"绿鸟"采用一种钢性翅膀，这种翅膀能够以与机翼同样的方式产生向上提升的动力。整辆风力车几乎全部采用碳复合材料，唯一的金属部件就是翅膀和车轮的轴承。据杰金斯解释，这种空气动力学设计和较轻的质量能够让"绿鸟"轻易达到风速的 3 ~ 5 倍。"绿鸟"早期的一个原型，曾经在风速为 40 千米/时的情况下，速度达到了 144 千米/时。天生没有引擎的"绿鸟"由此也成为世界上最高效率的风力驱动车。"绿鸟"的制造采取了飞机与 F1 方程式赛车的技术。

环境能源公司从 1996 起便致力于制造风力涡轮机，并在全英销售"绿色"电力。他说,"绿鸟"是10年辛苦努力的成果,参与者的工作时间达到数千小时,期间共制造了5个原型。文斯说,"我们希望找到一种纯技术层面的解决之道,利用免费的随处可以获得的风能达到我们希望的速度。10年之后,我终于拥有令人满意的'绿鸟',我们找到了合适的试验场。"

工程师理查德·杰金斯在1999年第一次接触风帆动力车。那时他还是伦敦大学帝国学院机械工程专业的一名学生。在几年之后的毕业论文中,杰金斯首次提出了制造风力车的一系列业已成型的想法。其实当时有很多学生都接触到了风帆动力车这个研究项目,但他们都没有把这个稀奇古怪的项目当正经事儿,转而去找其他的工作。但杰金斯没有让它从自己的身边溜走,因为他认为风帆动力车项目是对一名工程师水平的终极挑战,没有理由为了拥挤的职业招聘会而放弃它。

在合作伙伴环境能源公司还没有正式加入"绿鸟"项目之前,理查德·杰金斯不得不依靠几家材料公司来寻求帮助,这些公司将仓库里的旧存货提供给他。杰金斯用这些存货生产了前4代的"绿鸟"风帆动力车,现在的"绿鸟"号实际上是他实现梦想的第5个作品。此前的4个作品分别为能在陆地、冰面、水面等4种不同介质表面上行驶的风帆动力车。

杰金斯的风力车分别在英国、加拿大、美国和澳大利亚等国进行实验,以寻找合适的气候条件。为了等待一个理想的实验环境,杰金斯和他的风力车曾经在澳大利亚苦苦等待了7周时间。

组装"绿鸟"的风帆

杰金斯认为,"这项挑战,一半归功于技术,一半要靠运气。运气是指要在适当的地点、适当的时间才能得到完美的实验环境,而且还要有合适的观看人群。过去 10 年间,我每年都要花近 2 个月时间在偏远的地方等待时机。"

"绿鸟"的意义,正如英国环境能源公司常务董事文斯所说,"我们正走进这样一个时代,化石燃料走向尽头,可再生能源陆续登场。未来汽车并不使用化石燃料作为动力,而是使用类似风能这样的可再生能源。在当前技术帮助下,我们只利用风能便可达到令人难于置信的速度。"文斯表示,在今后 20 年,风能新能源将是一种主要能源,驾驶风力汽车也将不再是一个难以实现的梦想。他还表示,环境能源公司将会推出可以供人们日常使用的风力汽车。

第五章　大风歌
——中国风电发展

　　中国地大物博，在风能的利用上也有着得天独厚的便利条件。我国陆上实际可开发风能资源储量为 2.53 亿千瓦，近海风场的可开发风能资源是陆上 3 倍，总的可开发风能资源约 10 亿千瓦。和欧洲一样，风力发电带给中国的好处也是迅速而明显的，比如我国内蒙辉腾锡勒及河北张北两个风电场建成后，将会每年提供北京 5% 的用电量，仅此一项可节约标准煤 100 万吨，减排二氧化碳 300 万吨，二氧化硫 2.5 万吨及烟尘 3 万吨。

　　中国的风电从零开始起步，目前已经取得了可喜的成就，但是风电利用的前景依然广阔。在风力发电上同样属于后起之秀的美国，目前的装机容量已经跃居世界第二，并且连续两年增速排名第一。而我国只有 40 多个风电场，风力发电机 1500 多台，装机容量为 260 万千瓦，排名世界第 6 位，亚洲第 2 位，不及我们的邻居印度的 1/2，所有中国风电的全年供给还不足以支撑北京市 1 个月的用电量。

第一节 中国风能资源

风能资源储量估算值是指离地 10 米高度层上的风能资源量，而非整层大气或整个近地层内的风能量。中国陆上离地面 10 米高度风能总储量为 43.5 亿千瓦，其中技术可开发量近 3 亿千瓦，在陆上离地面 50 米高度，风能资源技术可开发量达到 8 亿千瓦，风电开发潜力巨大。

中国风能资源丰富的地区主要分布在两个风带区，一是"三北"（华北、东北、西北）地区，二是东部沿海及附近岛屿地区。"三北"地区是中国最大的成片风能资源丰富带，包括东北三省、河北、内蒙古、甘肃、宁夏、新疆等省（区）近 200 千米宽的区域，其离地面 10 米高度风能储量为 37 亿千瓦，占全国风能资源总储量的 85%，风功率密度在 200~300 瓦/米^2 以上。东部沿海及附近岛屿地区包括山东、江苏、上海、浙江、福建、广东、广西和海南等省（区、市）沿海一线近海 10 千米宽的地带，其风能资源储量为 2.3 亿千瓦。中国东部沿海水深 5~20 米的海域，按照陆上风能资源测算方法估测，10 米高度可利用的风能资源约是陆上的 3 倍。

我国陆地上从新疆、甘肃、宁夏到内蒙古，是一个大风力带，同时还有许多大风口，如张家口地区、鄱阳湖湖口地区、云

风力

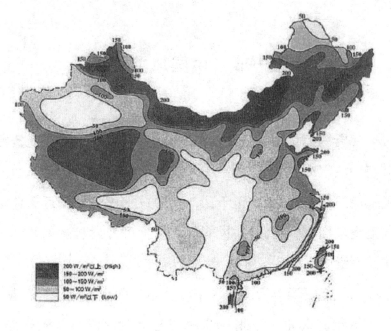

中国风能分布图

南大理等。这些为风能的集中开发利用提供了极大的便利。

在我国，风能资源丰富的地区主要集中在北部、西北和东北的草原、戈壁滩以及东部、东南部的沿海地带和岛屿上。这些地区缺少煤炭及其他常规能源，并且冬春季节风速高，雨水少；夏季风速小，降雨多，风能和水能具有非常好的季节补偿。另外在中国内陆地区，由于特殊的地理条件，有些地区具有丰富的风能资源，适合发展风电，比如江西省鄱阳湖地区以及湖北省通山地区。

由于风能资源丰富的地区一般都在比较偏远的地区，比如山脊、戈壁滩、草原和海岛等，建立风力发电站必须拓宽现有道路并新修部分道路以满足大部件运输，这需要有较大的资金的先期投入。

另外，中国东部沿海地区水深 2～15 米的海域面积非常巨大，由于海上风速比陆上更高，湍流更小，更接近中国东部电力负荷中心，因而中国海上风电开发前景更加广阔。

海上风能资源丰富而且稳定，欧洲已经建成几个示范海上风电场，取得在海洋中建造风电机组基础和向陆地输电的经验。中国东部沿海岸上风能源不够丰富，岸外风能潜力却很大，我国已经开始对资源储量进行勘测，为在不久的将来发展海上示范项目做准备。

目前，中国的风能资源评估资料相对来说还比较粗略，评估时没有有效考虑地形坡度、水体、沙漠、国家自然保护区等自然地理条件，从而很难用它来科学做好风电的规划。同时，中国进行的风能资源普查和评估主要依靠现有气象站和测风塔的观测记录，用统计分析方法得到的。受站点布局和测风塔位置等条件的限制，特别是西部地区站点稀疏，资源量的评估存在数据不完全和标准不统一等问题。要科学测量和开发好风资源，必须解决好上述问题。

第二节　中国风电发展形势

我国风电从 20 世纪 80 年代发展至今，历经 3 个阶段：

第一阶段（1986～1993）：初期示范阶段，利用国外赠款及贷款发展小型示范风电场，政府扶持体现在投资风电场项目和风力发电机组的研制。

第二阶段（1994～2003）：产业化建立阶段，1993 年底汕头"全国风电工作会议"明确了风电产业化及风电场建设前期工作规范化要求，1994 年通过对风电上网电价的责任主体明确，保障投资者利益，风电产业得到进一步发展，但电力体制向竞争性市场改革导致风电政策趋向模糊，此阶段风电产业发展受限，一度缓慢甚至停滞。

第三阶段（2003～2007）：发改委于 2003 年起推行风电特许权项目，目前已进展到第五期，目的在于扩大全风电开发规模，提高风电机组的国产制造能力，约束发电成本，降低电价。随后《可再生能源法》的正式颁布，将电网企业全额收购可再生能源电力、发电上网电价优惠以及一系列费用分摊措施列入法律条文，促进了可再生能源产业的发展，中国风电步入全速发展的快速增长通道。

2005 年以来，我国风电装机以年均 100% 的速度快速发展，到 2008 年底，我国风电总装机容量达到了 1215 万千瓦，占世界风电总装机容量的 10% 左右，这是一个相当惊人的增长。目前，从装机容量来看，我国已成为亚洲第一、世界第四、风电装机容量超千万千瓦的风电大国。排在前三位的依次是美国、德国和西班

中国风电发展速度惊人

牙，其装机容量分别为 2517 万、2390 万和 1675 万千瓦。

我国鼓励风电设备国产化

需求的快速增长也带动了我国风电设备制造业的快速发展。2004 年，我国风机整机制造企业仅 6 家，目前明确进入风机整机制造的企业已超过 70 家，另外还有一些公司正在开展进入风机整机制造的前期准备工作。

在此形势下，一些人提出中国风电发展速度是不是过快的问题，主要有如下几个原因：

一是近几年中国风电发展的相对速度较快。2005 年，中国风电发展开始提速。2008 年底，中国风电装机总量位跃居世界第

四，亚洲第一。2007 年、2008 年两年间，全球风电投资中约有 12%～15% 的资金投向了中国，中国已成为全球热议的风电市场。

二是中国风电开发领域出现了一些无序竞争的情况。有些地方出现"跑马圈风"现象，出现以低于生产成本的电价投标来抢占项目现象。甚至出现"圈风倒卖"现象，圈风者拿到项目后，自己不进行开发，而是以高价卖给别人，从中谋取巨利等。

三是中国风电设备制造业严重过热。只经历大约 5 年时间，中国风机整机制造企业从最初的 1 家发展到今天的 70 余家，并另有风叶生产企业 50 多家，塔筒生产企业近 100 家，其产能远远超过市场容量。2009 年，全国新增风电装机约 1400 万千瓦，在 70 多家整机生产企业中，仅前 4 家的产能就达到 1200 万千瓦。说明中国风电设备产能已严重过剩，竞争严重过热。不少人以为在有风的地方竖几个风车就可以发电建厂，有的风能场出现了"晒太阳"的现象。

不过，上述问题只是风电产业发展过程中的局部性问题，迟早会予以解决，不会从大的方面影响中国风电产业发展的脚步和速度。在欧洲，也曾经历过风电行业"非理性发展"阶段，后来也正常了。

中国发展风电具有先天优势。中国陆地辽阔，海域宽广，地处多风气候带，风电资源非常丰富，许多地方具有建设大型风电基地的资源条件。同时，中国的消费总量很大，社会经济正快速

发展，蕴涵的风电市场潜力十分
巨大，具有广阔的风电发展前景。
当然，中国在发展风电方面也存
在很多局限性。根据全球标准，
中国大约75%的陆上风资源属于
二级和三级风力，属于中低级风
速条件。同时，中国风能资源分
布与电力负荷市场分布非常不均
衡，对于风电的规模化发展具有
一定的制约性。

　　为吸引更多投资，2009年7
月政府颁布了新的风电入网费率，
由于风电叶轮机价格下降，新的
风电入网价格应该能给投资者带

2007年底，中海油在渤海辽
东湾建海上风电机

来可观的收益。尽管如此，中国的风电产业还是受到了各种因素
的制约。

　　首先，也是最重要的一点，即使在多风地区，中国的平均风
速也远小于美国和欧洲。其次，国内对建设风力发电场的选址调
查过于草率。第三，尽管国产风机质量已经有了较大提升，但是
技术故障率相对较高。第四方面因素与电网有关。电网公司无法
跟上风力发电场建设的步伐。2008年，有20%的风力发电场无
法与电网联接。另一方面，电网公司接入风电的能力受到现有技

术水平的制约，因为如果超过15%的电力来自间断性发电场，就无法保证供电系统稳定运行。最后，在存在其他便宜电能的情况下，电网公司不愿意接受价格相对较高的风电。由于上述制约因素的存在，导致中国当前的风电场平均发电率为20%，而世界各国风电的平均发电率是25%～30%。

具体来说，目前中国风电行业的发展瓶颈主要有：

（1）电网建设滞后。与风力发电相配套的电网建设明显滞后，是当前制约风电发展的最大瓶颈。

（2）上网电价偏低。由于有关管理方面的原因，目前风电项目招标电价和标杆电价并行，大部分招标项目的电价偏低，大体上1千瓦时电比国外平均水平低1～2欧分。一些地方的风电上网电价接近甚至低于火电电价水平。由于电价过低，迫使风电投资商反向挤压设备成本，造成不同程度的设备隐患。同时，由于电价过低，不利于企业积累资金进行长期建设投资和技术创新。价格因素如不引起重视，其影响将十分长远。

（3）上网电价有欠公平。按照中国有关规定，装机容量达5万千瓦以上的风电项目由国家有关部门组织招标定价，5万千瓦以下的项目由地方政府核准定价；现在普遍的情况是大部分招标项目的电价较低，而地方核准的项目电价较高，市场竞争明显不公平。同时，上网电价中"同地不同价"的问题也比较突出，并且价差较大。如有一个省级电网的风电上网电价从每千瓦时0.382元到0.54元，1千瓦时电相差近0.16元，非常不利于企业公平竞争。

（4）优惠政策难以落实。中国不少风电场距离电网主线路上百千米，甚至几百千米，线路投资动辄要几亿元。为加快风电配套输出线路建设，国家出台了针对线路投资的优惠政策，每千瓦时加价 0.03 元。但因许多地区电力用户很少，使得优惠加价政策难以落实。

（5）风机设计标准有待改进。中国设计风机的标准多是按照欧洲的设计标准来设计，有时难以适应中国的特殊环境。中国风电企业研发能力不强，风电技术及设备比较落后，缺乏具有竞争力的核心技术。

第三节　我国著名风力发电场

达坂城风电场

从乌鲁木齐市沿高速公路向东南行 8 千米就是著名的新疆达坂城百里风区。在长约 80 千米，宽约 20 千米的戈壁滩上，100多架银白色风机或成队列，或成方阵，迎风而立，非常壮观，这里就是新疆达坂城风力发电场。

新疆是中国风力资源丰富的地区之一，每年风蕴藏量为 9127亿千瓦，仅次于内蒙古，风力发电将成为新疆未来重要的替代

风力

乌鲁木齐达坂城发电站

能源。

　　达坂城地区是目前新疆九大风区中开发建设条件最好的地区。这片位于中天山和东天山之间的谷地，西北起于乌鲁木齐南郊，东南至达坂城山口，是南北疆的气流通道，可安装风力发电机的面积在 1000 平方千米以上，同时，风速分布较为平均，破坏性风速和不可利用风速极少发生，一年 12 个月均可开机发电。达坂城风力发电场年风能蕴藏量为 250 亿千瓦时，可利用总电能为 75 亿千瓦时，可装机容量为 2500 兆瓦，目前，这里的总装机容量为 12.5 万千瓦，单机 1200 千瓦。

　　1985 年，新疆开始了风力发电的研究、试验和推广工作。1986 年，从丹麦引进区第一台风力发电机，在柴窝堡湖边高高竖起，试运行成功，为新疆风能资源的开发和利用奠定了基础。1988 年，利用丹麦政府赠款，新疆完成了达坂城风力发电场第一期工程。这是自治区最早的风力发电场，也是全国规模开发风能最早的实验场。1989 年 10 月，发电场并入乌鲁木齐电网发电，当时无论是单机容量和总装机容量，均居全国第一。

辉腾锡勒风电场

辉腾锡勒是蒙语，汉意为寒冷的山梁。辉腾锡勒风电场位于内蒙古自治区西部乌兰察布盟境内的察哈尔右翼中旗德胜乡、阴山山脉北麓卓资山哈达图苏木和白银厂汉乡北部边缘的辉腾梁上，距呼和浩特市120千米，总面积300平方千米。该风电场地处北方冷空气南下的主要通道上，风速大，持续时间长，风能资源十分丰富，具有建设百万千瓦级风电场的潜力，是国家规划的六大风电基地之一。

内蒙古辉腾锡勒风电场摄影图

1996年开始建场，5年间不断扩充机组。辉腾锡勒风电场分两部分，1号风电场面积300平方千米，有效风场面积近200平方千米。辉腾锡勒 1 号风电场自 1996 年由内蒙古风电公司开发以来，相继有 8 家企业投资建设。2007 年 6 月 30 日，北京国际电力新能源公司承建的 110 千伏变电站和 134 台机组竣工投产，当年发电 1.3 亿千瓦时。内蒙古华电辉腾锡勒风电公司 12.15 万千瓦项目 2005 年 10 月开工建设，引进国内外机组 120 台，两年建成 220 千伏变电站，到 2007 年底发电 8000 万千瓦时。辉腾锡勒 1 号风电场总装机容量规划为 145.31 万千瓦，目前并网发电 33.1 万千瓦，到 2011 年全部完成。

2 号风电场规划面积 1380 平方千米，拟建规模 440 万千瓦，是理想的风电场区域。已有北京、上海及德国的 13 家企业与察右中旗政府签订了合作开发协议，总装机容量规划建设为 440 万千瓦。另外还有一些风电开发项目正在洽谈之中。

辉腾锡勒风电场不仅能缓解京、津等地用电不足的局面，而且形成最具观赏性的风电景观。

广东南澳风力发电场

南澳是广东省唯一的海岛县，地处台湾海峡喇叭口西南端，东南季风长，风力资源十分丰富。据近年风况实测和 20 年风速资料整理表明，南澳风电场年平均风速达 8.54 米/秒，有效风能密度达 1101 瓦/米^2，年有效利用时数超 7000 小时，远远超过世界平均水平，国内外风能专家考察南澳岛时认为，南澳风电场风况属世界最佳之列。

南澳风力发电场

1986年10月成立南澳县风能开发指挥部，1989年5月作为国家第一个风力发电示范场的南澳县成立风能开发公司，着手进行风力发电场建设。10多年来，该县采用多元化投资的方式，总共投资5.19亿元人民币，先后分9期从瑞典、丹麦、美国等国家引进124台风力发电机，总装机容量达54930千瓦，在南澳主岛中部山区地带建成了7个风力发电场，形成蔚为壮观的"风车阵"。

"风车阵"分期投产以来，每期都大显神威，常年化风为电跃过1.1亿千瓦时，取得显著的能源效益、环境效益和经济效益。全县已有大王山风电场、东果老山风电场等5期工程达到国际风电场性能指标的先进水平。其中，中荷合作开发的24兆瓦风力发电场更是成效显著，发电效率达到世界风电场先进水平，场中的 40 号风力机，单机发电量跃居世界同类风力发电机前列。

据测，南澳可开发风能发电容量超过 60 万千瓦。目前装机容量只达 5.4 万千瓦，还有很大发展空间。而且，主岛北部海面等深线都在 15 米以内，更适合发展海上风能发电。广东省南澳风力发电场最终目标是总装机容量达到 20 万千瓦，建成亚洲最大的海岛风电场。

上海东海大桥海上风电场

总投资 23.65 亿元的东海大桥 100 兆瓦风电项目位于上海东海大桥东侧 1～4 千米、浦东新区岸线以南 8～13 千米的上海市海域，这是我国第一个大型海上风电项目。

上海市沿海地区 50 米高处平均风速可达 6.7 米/秒，年有效风力累计时间 7300 小时以上，风能资源较丰富。另有研究显示：海上风能资源储量远大于陆地风能。我国近海 10 米水深的风能资源约 1 亿千瓦，近海 20 米水深的风能资源约 3 亿千瓦，近海 30 米水深的风能资源约 4.9 亿千瓦。因此，海上风电有着巨大的发展空间。

那么，上海哪一片海域最适宜采集风能？2005 年，上海市的科研人员把目光对准了上海 172 千米的海岸线。他们通过参考文献和实际探测，最终得出结论：水深在 5～15 米、距海岸线 10 千米左右的近海海域的风能最便于采集，建造海上变电站的成本也最低。此次东海大桥 100 兆瓦海上风电场项目的选址是上海近海地区风况最好、风资源最为丰富的区域，一年的平均风速达8.4米/秒。

2006年8月，上海市勘测设计研究院正式发布环评公告《东海大桥海上风电场工程概况和环境影响评价的初步结论》。据公告显示，风电场的风机布置将按东海大桥东侧布置4排35台风机；西侧布置两排15台风机。风机南北向间距500米，东西向间距1000米。风电场通过海底电缆接入岸上风电场升压变电器，再接入上海市电网。项目于2007年12月21日正式启动。

东海大桥海上风电场采用了我国自主研发、目前国内单机功率最大的3兆瓦离岸型风电机组。它具备电动独立变桨、变速和双馈电机技术等世界主流机型的特点，并采用了有效的防腐蚀措施和冗余设计以提高机组的可靠性。风机轮毂高度90米、叶轮直径91.5米，采用三叶片、水平轴、上风向的结构形式，适用于东海大桥海上风电场场址。

在整个建设中，工程技术人员克服了重重难关，实现了两个"首创"：

（1）采用了世界首创的风机高桩承台基础设计。直至目前，国外海上风电场采用的是单桩和三角架基础设计，而我国设计和施工人员则是先打下8根钢管桩，再在钢管桩的顶部浇注成一个混凝土承台，来满足高耸风机承载、抗拔、水平移位的需要。

（2）采用了国内首创的海上风机整体吊装方法。国外通常采用带液压支腿的移动平台进行风机分体安装，然而东海近海海域淤泥较深，不适合移动平台的作业。我国通过自主研发的具有海上精确定位和缓冲软着陆功能的吊架系统，成功解决了海上恶劣自然条件下整体吊装的各种技术难题。

东海大桥风力发电两台风机同时运抵

东海大桥风电场是我国自行设计、建造的首座大型海上风力发电场，风电场由 34 台国内单机功率最大的离岸型风电机组组成，总装机容量 10.2 万千瓦，设计年发电利用小时数 2624 小时，年上网电量 2.67 亿千瓦时，项目总投资 23.65 亿元。项目建成后，与燃煤电厂相比，每年可以节约 8.6 万吨标准煤，减排二氧化碳 23.74 万吨，节能减排效益显著。

北京官厅风电场

北京官厅风电场是北京实现奥运承诺的重大工程，也是北京市首次风能资源的规模化利用。官厅风电场位于延庆西北端官厅水库南岸，距北四环 70 千米。民间曾流传该地区"一年一场风，从春刮到冬"，是传统意义上的北京"上风口"。那里在 70 米的高度平均风速为 7.11 米/秒，平均风功率密度约为 422 瓦/米^2，年有效发电小时约为 2000 小时。每台风电机组由 3 个桨叶组成，每片桨叶重 5.6 吨，由玻璃钢制作。

北京官厅风电场

北京官厅风电场工程装机容量为 6.45 万千瓦，安装了 43 台 1.5 兆瓦直驱式风电机组。与其他风机不同，官厅风电场采用的是具有自主知识产权的风机，不使用齿轮箱，也不需要润滑油，大大减少了能耗和污染。官厅风电场平均每天可向电网输送绿色电力 30 万千瓦时，每年提供约 1 亿千瓦时的绿色电力，可以满足 10 万户家庭生活用电需求。根据测算，官厅风电场启用后，北京市使用这种绿色电力，相当于全年减排二氧化碳 10 万吨、二氧化硫 782 吨、一氧化碳 11 吨、氮氧化物 444 吨，同时节约煤炭 5 万吨。

第六章　风起云涌
——世界风电强国

　　据估算，全世界的风能总量约 1300 亿千瓦。这是一个什么概念呢？作为世界上最大工业国的美国，2006 年的装机总容量不到 10 亿千瓦，也就是说，这庞大无比的能量即使仅仅开发出 1%，就足以供给整个北美大陆的电能消耗了。

　　长期被誉为人类最宜居地区的北欧，恰恰就是风电开发最好的区域。人均风力发电量居世界第一的丹麦和风电装机总量居世界第一的德国都位于这个区域。在风力发电上，欧洲已经远远走在了其他大洲的前面。2005 年，欧盟国家因为风力发电，可以减少 2800 万吨二氧化碳，9.4 万吨二氧化硫和 7.8 万吨氮氧化合物的排放。据丹麦 BTM 公司预计，到 2025 年，如果风力发电占全球总发电量的 10% 时，即可减排二氧化碳 14 亿吨。

　　欧洲风电产业的快速发展，关键是得益于欧洲各国政府对风电开发的高度重视。欧洲各国把发展风电作为减排二氧化碳的重要手段，不仅制定完善的经济激励政策，同时还出台相应的法律促进政策，从立法上给予有力保障。

第一节　英国

英国是欧洲风能最丰富的国家，但目前的风力发电量仅为2.4兆瓦，另外还有19兆瓦的风力发电资源正在规划当中，已经在乡村地区和沿海地区规划建设首批7000座风力涡轮机用于风能发电。由于英国的风能利用率正以86%的年增长率增长，英国将很快超越丹麦成为世界上最大的风能利用国家。

目前英国的电力生产燃料消费结构以天然气、煤炭和核能为主，在电力燃料总消耗中的比例分别为39.9%、28.5%和25.6%，三者总和为94%，可再生能源电力（不包括水电和工业废弃物发电）占1.9%。

根据欧洲议会的可再生能源发展指导性目标，到2010年可再生能源占英国一次能源消费的18%，可再生能源电力占总电力的10%，2000年这两个数据分别是13%和2.8%，可再生能源电力的比重届时将提高6倍。英国政府更是为本国风电发展制定了雄心勃勃的计划，2010年风电的发展目标是占电力消耗的8%，事实上2000年风电占电力总消耗的0.5%，因此今后的15年将是英国风电的高速发展期。

英国的风力资源分布：苏格兰、英格兰的西南和北部、威尔士地区是风能资源密集的地带。

2002 年英国风电装机容量 552 兆瓦，在欧洲国家中排名第六，位列德国、西班牙、丹麦、意大利、荷兰之后。相比而言，英国的风电发展在世界的地位与其经济实力和资源禀赋是不相称的，与德国、丹麦的迅猛发展相比，英国的风电发展相对缓慢。

英国 North Hoyle 海上风电场测风塔

2000 年 2 月英国政府废止了化石燃料公约，制定了《新可再生能源公约》，作为推动可再生能源发展的主要措施。公约自 2002 年 4 月 1 日开始实施，有效期 25 年，至 2027 年结束。公约要求电力配售商必须购买一定比例的可再生能源电力，2010 年该比例为 10%。可再生能源发电企业将获得可再生能源证书，证书可在国内的交易市场自由交易。如果企业不能完成规定时间内的可再生能源电力购买义务，可以购买证书履行义务。对于不能履行公约义务的电力配售企业，处以罚款，罚款额度由政府根据当年的零售电价确定。

为了鼓励企业减少温室气体排放，英国政府决定对造成温室气体排放的燃料征收气候变化税，该政策自 2000 年 6 月 28 日开始实施，至 2010 年结束。气候变化税的征收范围包括常规电力、煤炭、天然气、液化石油气。可再生电力企业获得气候变化税免除证书，享受免除气候变化税收的优惠，提高了与常规能源电力的竞争力。

根据欧洲议会的可再生能源发展指导性目标，到 2010 年可再生能源占英国一次能源消费的 18%，可再生能源电力占总电力的 10%，2000 年这两个数据分别是 13% 和 2.8%，可再生能源电力的比重届时将提高 6 倍。英国政府更是为本国风电发展制订了雄心勃勃的计划，2010 年风电的发展目标是占电力消耗的 8%，事实上 2000 年风电占电力总消耗的 0.5%。

20 世纪 70～80 年代，英国曾一度同美国并驾齐驱，领跑国际风机研发技术。但是，没有跟上技术发展速度的政府政策牵制了英国风机制造业和风电产业的发展，英国的风机制造业也被挤出了"第一梯队"。与之同期的美国安装了世界上数量最多的风机，其中大部分为美国公司制造。英国在风电尤其是近海风电领域连连出招。英国风能协会公布的发展计划称，到 2020 年，英国风电将满足国内电力需求的 25%。面对广大的潜在市场，世界主要风机制造商纷纷进军英国。

欧洲在风电建设上的大计划，也坚定了众多风机制造商落户英国的信心。欧洲在建近海风力发电场共计 17 座，这些发电场的装机总量达到 3500 兆瓦，其中 1/2 以上的风电场都建在英国。除了在建的 17 座风力发电场，欧盟已批准建立的风力发电场还有 52 个，装机总量高达 1600 万千瓦。

相对于欧洲其他注重发展风能的国家，英国的风能总装机容量还是落后的。根据英国风能协会的数据，该国现有风能装机为 4 吉瓦，而欧洲风能装机老大德国的数字为 25 吉瓦。那么英国同德国的差距何在呢？看看世界前 10 名风机制造商，你会发现其中有 1/2 来自德国。同时，德国也拥有世界上数量第二大的风电场。这就证明，如果一个国家具有了消耗自身产品的国内市场，相关行业才能健康发展。所以，可再生能源行业的发展离不开 2 个必要条件：①在可再生能源发展的初期阶段，政府要在政策和财政上予以足够的支持。②制造业健康发展的保证是国内市场的不断扩大。所以，除了发展近海风能外，英国还要发展陆上风电，才能保证风机制造业最终产品有足够的市场。但是陆上风电场面临着一个难以逾越的瓶颈：英国民众不买陆上风电场的账，没有人愿意看到风电场建在自家附近。有反对组织称，陆上风电破坏了当地原有的风景，还造成了噪声污染。2009 年，英国陆上风电场的一次性审批通过率仅为 25%。有公司计划在威尔士建设陆上风电场，但是，建厂的审批时间平均值为 21 个月，很多公司面对着这样的数字都望而却步。

英国政府发展近海风电的决心已定，现在英国的近海风电的

英国将建多个巨型海上风电场

装机容量也占到世界近海风电的 1/2 以上。英国是近海风电装机最多的国家。再加上预计到 2020 年建成的 25 兆瓦，英国 30 多兆瓦的近海风电和即将"解冻"的陆上风电发展计划必将"吹动"英国风机制造业的大发展。

第二节　德国

1999 年末，德国风电容量仅为 2875 兆瓦，而到 2008 年末，这一数字猛增到 23903 兆瓦，提高近 9 倍。德国《可再生能源法》要求，能源公司须以每千瓦时 9 美分的价格购买风电，基本与常规电力的价格持平。有专家认为，风电是最具经济性的可再生能源。但由于钢铁价格上涨，该法案需要进行修改，提高风电的收购价格。

德国政府预计，2030年之前，欧洲北海和波罗的海的海上风力发电场容量将达到2万~3万兆瓦。如果达到最佳风力条件，发电能力相当于20~30个核电厂。

然而，陆上风力发电场没有那么乐观。近年来，不少德国市民团体已经加大了对风力发电场的抗议，建设新风力发电场困难较大。为解决这一问题，可进行"发电机组改造"，即用效率更高的新风力涡轮机替换现有风力发电装备。德国风能协会认为该措施潜力巨大，2020年之前风电有望满足德国1/4的电力需求。

德国 Fuhrlaender 风电机安装

德国 Fuhrlaender 风电机安装

风力发电场对于野生动物略具负面影响。德国一家环保组织发现，因风力涡轮机造成鸟类死亡数量少于汽车交通鸟类死亡数量。

德国 Fuhrlaender 风电机安装　　　　　德国 Fuhrlaender 风电机

此外，风能的不稳定也是一个大问题，目前尚没有更好的办法来储存风力过剩时所产生的电力。德国北部风能较为丰富，而南部和西部能源消耗最大，因此需要建设全国性电力线路，而此举也将增加消费者的成本。

长期来看，风能在德国能源结构中的份额能够增加，技术进步也将降低风电价格。

对风力发电的扶持政策

德国在风力发电方面居世界领先地位，这主要归结于德国人对可持续经济发展战略的深刻理解和促进再生能源的政策法规的奏效。2000 年 12 月德议会通过了增加再生能源发电量的法案，决定对发展再生能源给予补贴，并实施了一系列鼓励使用新型能源的计划。德国在颁布的新能源法律中对风电产业作出规定，政府给风电以每千瓦时 9.1 欧分的补贴，补贴政策至少保持 5 年。自 2002 年 1 月 1 日起，每年递减 1.5%。即使高补贴率实施期满，风电投资商仍可享受每千瓦时 6.19 欧分的补贴。具体补贴期限是以风电收益达到 150% 作为参照收益率来测算的。

德国风力发电的电价比常规电厂生产的电价高出近 50%，但根据再生能源法规定，电力公司必须无条件以政府规定的保护价，购买利用再生能源生产的电。同时公民作为能源的消费者都有一个共识，电能的消费会对环境产生不利的影响，因此用电者应为保护环境、保护气候作出贡献，具体地说就是由全社会来承担由于发展再生能源而付出的高成本。目前，在德国人们要为每度电多缴纳 0.45 欧分，以平衡常规电能和再生能源的价格。

在有关政策的扶持下，近年来德国在开发再生能源方面成绩斐然，风力发电机装机多达 1.5 万台，占整个欧洲国家风力发电机的 1/2 以上。科技进步是德国风能获得长足发展的关键，德国 20 世纪 90 年代初生产的风力发电机每台平均功率不到 200 千瓦，目前每台功率已达到 1800 千瓦，有的厂家已开始研制 2000 ~ 5000 千瓦功率的风力发电机。同时风力发电机的制造成本在过去 10 年中降低了 50%，风能投资成本大幅度下降。据德国联邦风能联合会的报告，1990 年每千瓦功率平均需要投资 2000 欧元，2003 年下降到 800 欧元。

通过大力发展风能再生能源，德国企业获得了多重效益。①利用风能这样的再生能源使德国温室气体排放量近年来减少了约1700万吨，为德国竭力实现《京都议定书》的减排目标作出了巨大贡献。②风能利用大大促进了德国能源全行业的战略调整，使得德国可持续发展动力增强。③在目前德国经济持续低迷、失业人数屡创新高的情况下，风能行业成为一个全新的"就业发动机"。过去4年内，制造商和供应商的员工数量翻了一倍。据联邦议院调查委员会预计，到2020年，德国的风力发电机可望达到2.5万台，将满足全国25%的电力需求。风力发电已经成为德国的一个重要产业。

向海洋进军

德国的风力发电最早是从风力资源丰富的北德濒海3个州发展起来的，其中施勒苏益格·荷尔斯泰因州的风机装机总容量已达217.4万千瓦，风电可满足全州电力需求的37%。随着各项促进风能利用法律的先后颁布实行，内陆地区也开始涉足这个领域，并且取得了长足的发展。目前在全德16个联邦州中，除联邦政府所在地柏林外，其余15个州，尤其是濒海3个州，风能资源利用已近饱和，再在陆地上选址建立大型风电场几乎已无可能。在这种情况下，德国人又将目光投向了海上。

在海上，当60米高度时的平均风速超过8米/秒时，在欧洲那些绝大多数计划要建立海上风电场的水域，海上风机的能量收

益预计要比沿海风能资源丰富地区陆地风机的能量收益高 20% ～
40%。在海上风力发电方面，北欧诸国走在世界前列。自 1990 ～
2004 年，德国、丹麦、瑞典、荷兰和英国、爱尔兰共建成 22 座
海上风电场。在欧洲规划建设的 70 个新的海上风电场中，31 个
将建在德国海域。

德国北部海岛博尔库姆附近海域的风力发电场

就地域分布来说，这 31 个海上风电场，21 个建在北海，10
个建在波罗的海。而就距海岸线距离来说，有 8 个建在离海岸线
12 海里之内海域内，23 个建在 12 海里之外的专属经济区内。德
国已经批准在北海和东海建设 6 个大型海上风电场，总装机功率
120 万千瓦。根据 2002 年 1 月德国政府制定的一项发展风电长期
计划，2010 年，德国海上风力发电设备的总装机功率要达到 300

万千瓦，2030 年达到 2000 万 ~ 2500 万千瓦。2025 ~ 2030 年，海上风力发电量将占德国电力需求总量的 15%，而风力发电量的总和将占德国电力需求总量的 25%。

德国地处北欧，海上风力发电的前景是那么诱人，以致有 20 个以上的德国公司和财团提出建议，建设总装机容量达 6500 万千瓦的巨型海上风力发电场。为了保护近海自然资源，这些公司和财团计划将海上风力发电场建在距海岸 60 千米、水深 35 米的水域。

第三节 丹麦

"当风儿在草上吹过去的时候，田野就像一湖水，泛起片片涟漪。当风在麦苗上扫过去的时候，田野就像一片海，掀起层层浪花，这叫做风的舞蹈。请听它讲的故事吧……"

数百年前，一位丹麦作家借"风"之口，书写了《安徒生童话选》，为世界展现出一个"童话王国"。如今，同样借"风"之口，丹麦人向世界述说着一个"风电王国"的诞生。成功的"丹麦风电案例"，已成为全球风电行业的翘楚。今天的丹麦风电占全部电力消耗的比例已超过 20%，位居世界各国之最。

丹麦是较早利用风力发电的国家之一。由于丹麦缺乏自然能源，早在 1891 年就开始风电研究。第一次世界大战期间，石油短缺刺激了丹麦的风电发展。至 1918 年，1/4 的乡村发电站用的是风电，当时的风机功率多为 20～35 千瓦。一战后，石油供应恢复，风电衰落，到 1920 年仅保留了 75 台风机。第二次世界大战时，石油再度紧张，风电重又兴盛，丹麦的 Lykkegard 和 Smidth 两家风电公司一时间闻名遐迩。二战后，欧洲各国就未来欧洲的石油供应问题展开讨论，促使丹麦进一步探索如何开发利用风电。1973 年、1979 年的石油禁运、能源危机以及绿色环保意识的加强，推动了风电产业发展；加上丹麦是世界上人均二氧化碳排放较高的国家之一，对大气变暖的关注也促进了丹麦的风能开发。

如今风能产业是丹麦国民经济的主导产业之一，其年营业额约达 30 亿美元，风力发电机和风能技术已成为其主要的出口项目，世界上大约有一半的风力发电机源自丹麦。

丹麦的风电发展并非一帆风顺，社会上对利用风能一直存在争论。反对者认为，风力发电分散、不稳定、地区差异大，在价格上明显高出火电，进入常规电网难。赞成者认为，除考虑发电本身的内部成本外，还要考虑运行成本和环境成本等外部成本。欧洲一项为期 10 年的研究成果表明，考虑外部成本后，煤和石油成本将增加一倍；天然气增加 30%；核电外部成本最大；风电外部成本最小，与现行价格相比几乎可以忽略不计。尽管有争议，丹麦风电支持者仍占绝大多数达 68%，认为风电过多或已经足够的只占 25%。

丹麦政府在 1996 年推出了"二十一世纪能源"计划，确定了到 2003 年底丹麦 20% 的用电量将来自于风电的短期目标，而长期目标则是预计至 2030 年，风力发电相当于全国 50% 的用电量。在这期间，丹麦政府实施了多种优惠政策，包括对风机制造厂商和风电场业主给予直接补贴、税收优惠和资助等激励政策，以使风电投资更具有吸引力。随着风电的发展，丹麦陆地上的风机总数已经趋于饱和，海上风电场将成为未来发展的重点。开发技术的先进性和占有的全球销售份额来说，丹麦风电设备制造商是目前世界上最成功的。稳定增长的年装机容量为丹麦的风机制造商提供了一个稳定的市场环境，丹麦已安装风机的 99% 都来自本国。

　　丹麦的风机制造商依靠国内市场来开发自己的技术，并着眼于本国公司在全球市场上的位置。由于目前风电发电量已经占丹麦发电总量的 20%，且陆上风电场址也所剩无几了，所以丹麦风电行业就加大了其出口份额。作为全球最早的风电产业主导者，丹麦的风机技术领先，在技术研发方面有很大的优势，丹麦的公司在近期都将保持其竞争优势。随着其他国家的风机公司的发展壮大，丹麦公司在此领域的优势开始逐渐缩小，丹麦的公司要保持他们的现有的市场占有率并非易事。

　　目前，世界排名前 10 位的风机公司中，丹麦占 4 家，其中居首位的是丹麦 Vestas 公司，占世界总产量高达 35%。现在，世界投入使用的风电设备中，有一半是丹麦制造的。

在全球最大的海上风电场丹麦荷斯韦夫风电场，云层在风轮机后不断形成

　　以地方或社区为主建设风电项目是丹麦风电的独特组织方式，目前这类项目占总量的81%；80%多的风机归合作社或私人农场主所有，10多万个丹麦家庭拥有风电合作社的股份或自己的风机。丹麦人普遍认为，这种与地方合作兴建的组织形式有诸多好处。比如，地方主动参与后，可增加投资，扩大装机容量；可以同当地居民直接交流，取得理解与支持，减少冲突与矛盾；可以减少输电费用，节省电能，提高技术，降低成本；可以促进居民广泛参与，使可持续发展深入人心。

第四节　美国

美国在 20 世纪 80 年代曾经是世界风电和太阳能发电大国，但是在 80 年代后期，随着石油价格的下滑，其风电发展势头锐减。近年来，随着对气候变化问题的重视和对保障能源安全的理解，以风电和太阳能发电为代表的分布式发电技术的发展重新抬头，联邦政府共计拨款 120 亿美元，支持新能源技术的研究开发，并且取得了令世界瞩目的成果。

美国重新成为世界风电大国，2001～2007 年，美国的风电增加了 300%，2007 年一年新增风电装机容量 520 万千瓦，居世界之首，累计装机容量达到 1682 万千瓦，2008 年 9 月底，累计安装量已经超过了 2000 万千瓦，居世界第二。

美国在风电开发上的良好表现除了得益于国内的政策倾斜外，各州制定的税收优惠政策极大地降低了风电的成本，从而刺激了风电的迅速发展。

风力发电在美国的迅猛发展，与美国政府多年的呵护息息相关。美国 1978 年通过的《公共事业管理法》规定，对包括风力发电等可再生能源的投资实行抵税政策，即风力发电投资总额的 15% 可以从当年联邦所得税中抵扣，同时风力发电形成的固定资产免交财产税。到了 1992 年，美国政府颁布《能源法》规定，

美国加州棕榈泉附近，当地强劲的盛行风推动了巨型风轮机

政府从鼓励装机转向鼓励多发电，由投资抵税变为发电量抵税，每千瓦时风力发电量抵税 1.5 美分，从投产之日起享受 10 年，这相当于使风电企业的发电成本降低了 25%。美国能源部最近还围绕风电电价降到每千瓦时 2.5 美分、风力发电设备在世界市场的占有率、2010 年装机 1 万兆瓦等目标，拨专款支持科研和制造单位进行科学研究。政府在 2007 财政年度预算中拨款 4400 万美元，用于研究在低风速环境下提高风力发电效率的技术，从而达到降低风力发电成本的目的。

然而，美国的电网改革和升级无法与风电发展齐头并进，这无疑会影响美国风电的发展进程。美国的电网"地方割据"现象十分严重，其 2/3 的输电系统由地区输电组织或独立系统运营商管理。美国其他地区，包括风能潜力最大的中部地区都有小的、分散的电网体系，它们之间的连接薄弱，而且风电场多远离城市负荷中心。目前美国已经形成了东部、西部和德克萨斯州电网3个主要的互联电网，三大互联电网之间只有非同步联系。美国的电网经营单位有3000多个，绝大部分为私人所有。各电力公司对所属的电网进行独立调度，或是几家电力公司对所属的电网进行统一调度。电力公司的所有权和监管权也是多头的，投资者拥有80%的所有权，但必须接受美国公共事业资产管理委员会的监管。美国联邦能源管制委员会拥有剩余20%的监管权，并负责规范电力的传输和销售。地方政府的公共事业委员会也对所属区域的电力相关活动有监管权。美国能源部几乎对电力工业没有管辖权。美国能源部的角色转换是从2005年出台的《美国能源政策法案》开始的，该法案授予美国能源部设计电力传输方案的权利。但是，到目前为止，美国能源部在众多利益主体的包围下，在电网改革方面收效甚微。

虽然电网行业的市场化从长远上来看有利于增强电网的可靠性和提高其效率，但是反市场化倾向在美国决策中已经很明显。明尼苏达州在风电并网项目上投入的精力较大，但是，该州的CapX电网工程只能将水牛岭风电站22兆瓦发电量中的2兆瓦并入电网。发电结构的变化，尤其是风电装机容量的增长正呼唤美国电网的升级。风电场一般远离负荷中心区，新的长距离输电线路就成为满足风电应用的必须途径。

在美国能源部的设想中，美国计划用30年左右的时间建设横跨北美大陆的国家级输电干网，实现美国东西海岸间的电力交换，推动包括加拿大和墨西哥电网在内的区域电网的连接，加强配电网和微型电网的架设。

电网不仅是电力输送的载体，更是能源资源优化配置的渠道。当清洁能源经济成为世界经济走出危机的引擎之时，闲置的风机越发引起人们对电网改革的关注。美国在发展风电中的一些作法，如风电农业、电力网表等都处于世界领先水平，非常值得我们参考和借鉴。

为了发展风电，美国加州、华盛顿州、俄勒冈州等，采取了对风电产业进行免税或者减税等很多办法，在一些风力资源丰富但却不适宜种植农业作物的山坡，大力发展风电农业。同时，美国很多科研机构对风电进行了极为深入的研究，使得风电技术不断进步。

美国风电农业是从庭院起步的，有许多家庭还安装了电力网表。其特点是，这些用户家里安装的风电或太阳能装备，在电力富余时将电"反哺"给电网。电力消费者又是电力生产者，可有效减轻大电网负担，节约公共资源。

为了鼓励用户建设风电站，美国很多州采用"电力互换"办法。即电力企业与用户可以互供电力，相互抵抹供用电量。互抵部分，用户以供电企业零售价抵消电量；多余电量，则以批发价格卖给电网。

在美国发展风电的过程中，电力网表十分重要。①电力网表避免了因为风力发电是不稳定的，用户安装价格昂贵的蓄电池，从而直接降低了投资成本，缩短了风电的投资回收年限。②电力网表为发展小型风电站创造了条件，容易管理方便运行，同时也保护了本地区、国家和全球的环境利益。③电力网表因为计量简单，便于用户掌握，减少了争议，降低了电力企业的成本。同时，减少了电力监管机构调查取证和调解工作量。

正是电力网表的出现，促进了美国从庭院经济向风电农业快速发展，美国不少地方农民合伙修建风电站，除自产自用，剩余的则卖给电网，从而成为美国电力工业发展中的重要补充力量。

在美国风电的发展中，也有不少不同的意见，主要观点有：

（1）风电蓬勃发展，主要是得益于美国各州给予的税务优惠等激励政策。否则，风电的成本根本就不可能降低下来，风电潜在的成本被忽略。

（2）风电需要电网支持，而且影响系统稳定。发展风电实践表明，风电增加了电网的不稳定性。电网中有了风电，电力调度方式、用电平衡、电压和频率的稳定控制等，都变得更加复杂，影响电网运行的稳定性。

（3）风电的性能太差。风电可用率只有30%左右，有30%是在不需要的时候发出的，另有30%是需要时却发不出来的。风电受昼夜风力和季节性影响甚大，必须采取相应互补措施。

第五节　西班牙

被塞万提斯笔下的游侠骑士堂·吉诃德视为"放肆的巨人"的座座风车,如今在西班牙大地上已寥若晨星,偶尔看到的也早就失去了原来的功能,只是成了让旅游者追思往昔的文物。如今,另一类"风车"——风力发电机如雨后春笋般出现在堂·吉诃德故乡的原野上。

在风力发电的世界中,西班牙也是一个超级强国。西班牙风电开发起步于20世纪80年代初。1982年研制出第一台试验性风力发电机,1984年建起第一个风电场。但由于当时技术水平的限制,这些努力没有达到预期效果。挫折并没有让西班牙选择放弃,经过坚持不懈的努力,到2004年底,西班牙风电装机容量达到8155兆瓦,一跃成为世界第二风电大国。2004年被认为是西班牙风电开发史上一个里程碑,这一年风电装机容量第一次超过核电,风力发电141.78亿千瓦时,占当年全国总发电量的5.5%。

2007年西班牙风力发电量首度与水力发电量相当,在西班牙纳瓦拉地区,甚至高达70%的电力来自风力。

2009年11月18日,西班牙风力发电量创下新纪录。当晚风力发电峰值达到西班牙电力总需求量的53.7%。风力发电的比重达到这个比值是第一次，它在当晚持续好几个小时。西班牙风能协会表示，高峰期风力发电持续供电的事实足以证明，风力发电已不再是微不足道。到 2020 年，西班牙风力发电将翻番，即从目前的 16000 多兆瓦的容量增至 45000 兆瓦，西班牙风力发电能满足绝大多数的供电需求。

西班牙西北部的卢戈山山顶，风轮机在如梦似幻的冰雪胜境中一字排开

西班牙风电的快速发展，与其制定和实施了系统、有效的政策是分不开的。

1994 年，西班牙政府引入了支持可再生能源发展的第一个政府法案，要求所有的电力公司保证为绿色环保电力按补贴价格支付，之后在 1998 年做出了一些具体的规定。根据政策实施的效果，西班牙在 2004 年对政策进行了调整。从那以后，西班牙对风电实施了高补贴电价政策，风电实际上网电价达到每千瓦时8欧分左右，在短时间内迅速发展了风电市场。今后在电价补贴政策支持下，西班牙风电还将保持平稳地增长。

具体来说，对于包括风电在内的可再生能源发电价格，政策制定的主要思路是：在保证基本收益的前提下，鼓励风电场积极参与电力市场竞争，规定风电电价实行"双轨制"，即固定电价和溢价机制相结合的方式，发电企业可以在两种方式中任选一种作为确定电价的方式。在固定电价中，风电电价为电网电力平均销售电价的90%，电网企业必须按照这样的水平收购风电，超过电网平均上网价格部分由国家补贴。在溢价机制中，风电企业需要按照电力市场竞争规则与其他电力一样竞价上网，但政府额外为上网风电提供溢价，即政府补贴电价。

风资源存在一定的间歇性，从地域分布看，风电资源丰富区与电力主要负荷区不一定匹配。从时间分布看，风电年、日发电量、发电曲线和用电负荷不匹配，风资源的瞬时变化，会引起风电场发电量的变化，从而对电网的电力平衡、安全性、平稳运行产生一些影响。因此，电网从技术的角度，不欢迎预测精度低的风电电力和电量。

从技术和电网安全角度，西班牙并没有无条件地要求电网企业全部接受风电电量，而是采用放松接纳风电入网条件的办法，即对风电上网相对于常规能源电力采用更为宽松的条件。具体做法是：国家电力库系统在向各发电企业收购发电量时，要求各电网企业必须提前一天报出各个时段（每天 6 个大时段以及 24 个小时段）的上网电价以及预测的上网电量，电力库再根据第二天各时段的用电需求预测情况，决定购买哪些发电企业的电力，对于常规能源发电企业，如果实际的上网电量与预测的发电量相差超过 5%，则发电企业需要向电力库支付超过上网电价数额的罚款，相差比例越高，罚款的倍数越大。但对于风电，考虑其发电量预测的难度，规定只有当相差比例超过 20% 时，才需要支付罚款，并且罚款的额度与常规电力企业超过 5% 需支付的罚款额度相当，当然，如果风电预测和实际所发电力相差比例越高，则罚款倍数也加大。

自 2004 年以来，风电入网政策在西班牙得到了有效的实施。由于没有要求电网无条件地接收风电，风电和其他电力一样直接参与竞价上网，政策受到了电网企业的欢迎。2006 年，绝大多数风电场所发电量销售给了电网企业，只有不到 5% 的风电由于超过预测量 20%、不愿被罚款而采取了弃风措施。

此外，西班牙还鼓励风电、水电等可再生能源发电的分布式发展。由于其风资源主要集中在北部和南部，西班牙的风电场也是以成片开发的大中规模的电场为主，但为了减少电网接纳风电的压力，政策开始采取措施鼓励建设中小规模的分布式风电场。

在短短的几年内，通过以上技术措施，在现有电网条件下，西班牙成功地实现了电网接纳 15% 的风电容量入网，并且通过研究，预计接纳 20% 左右的风电容量入网是不成问题的。今后几年内，在不会大幅度地提高发电成本、经济性可接受的前提下，采取相应的电网改进措施，预计电网可以接受 30% 左右容量的风电。

在风电市场快速发展的同时，西班牙通过引进和吸收丹麦的技术，逐步建立风电机组制造产业，其 3 家大的风电机组制造企业 2006 年的市场销售量占世界总量的 20% 左右，成为全球第二大风机制造国。

第六节　印度

在印度南端的目潘达村，村民们正在举行盛大的仪式，感谢风神给他们带来的意想不到的好运。10 年前，第一架发电风车在这里竖起，高达 50 米的塔身远远超出村里原本最高的棕榈树，缓缓转动的桨叶使贫困的山村发生了巨变，大风把村民吹上致富路。目潘达村位于靠近阿拉伯海的山区，强劲的海风通过群山之间的空隙猛吹过来，风流在山间的狭缝里加速，形成了丰富的风能。随着数十家风电开发商拥进这个村庄，这里成了总投资额 20 亿美元的清洁能源工程集结地。风力发电场的开发，为村民们提供了数千个新工作岗位，村民收入大幅增加。

受益于大风和风电场的地方，远不止目潘达村。众多风电场如雨后春笋般，沿着从目潘达村到卡尼亚库马利之间长 31 千米的公路两旁崛起。卡尼亚库马利是楔入孟加拉湾、阿拉伯海和印度洋之间的一个镇，这一带和泰米尔纳杜邦的其他地区共生产了约 1000 兆瓦的风电，约占印度全国风电总产量的 1/2。

　　印度政府一直积极支持风电发展。从 20 世纪 80 年代起，印度就启动了风电项目。到 20 世纪 90 年代中期，印度便迎来了首个风电年安装量高峰期，新机组安装量超过原计划 50 万千瓦的两倍以上。印度风电发展在亚洲一度是"领头羊"。现在风电产业已初具规模，风电技术国产化水平较高。2007 年之前，印度的风电装机居于亚洲之首，直到 2008 年才被中国超越。

一位农民在印度马哈拉施特拉西北部城市杜利亚的田里耕
作，身后便耸立着高大的风力涡轮机

　　印度风电并网成功的基本经验是政府提供了强有力的政策支持，最主要的政策是建立了世界上唯——个非常规能源部。非常规能源部要求，印度电力公司允许风力开发商在任何电网中使用自己风机发出的电，只付2%手续费；开发商1年之内可在电网中储存自己风机发出的电量长达8个月；风电商可直接通过电网将电卖给第三方，电网只收手续费；实行最低保护价政策，一般为每度风电5.8~7.4美分；为风电提供联网方便。

印度非常规能源部为鼓励小型私营机构和个人对风力发电的投资，采取了建立风能开发联合公司的方式，被称为"风能创业园"。私人投资者、州政府、非常规能源部以及印度可再生能源开发署可作为合作伙伴共同参与到联合公司中，联合实施风能开发项目。风能创业园建在专为私人投资者提供的风能开发区内。联合公司为私人投资者承担土地征集或租赁、基础设施和电力设施的开发、风力涡轮机等发电设备的安装及维护工作。这种形式类似于"孵化器"，能够减少创业时间和成本，为小型投资者提供必要的基础设施。

印度还在泰米尔纳杜州的钦奈建立风能技术中心。这是一个专门从事研究与开发、技术更新、测试、认证、标准化、培训和信息服务的自行管理机构。该机构将成为印度风力发电的技术开发中心。印度政府希望通过风能技术中心与工业界的合作，不断提高风能开发的技术水平，降低运行成本，提高运行效率，增强国产风力发电设备的竞争力，努力降低风能发电成本，从而减少风能开发对国家财政投入的依赖。

在印度，投资风电的一个重要的吸引力是，在一个常常断电的国家，这些投资商可以优先获得持续的电力供应保障，所以风电行业往往是制造业和其他工业业主的投资热点，并且以私人投资为主，印度97%的风电投资来自私人部门。这样的动力还刺激形成了一个更强大的国内制造业，形成了自主品牌。现在印度风电市场上80%以上的风机零部件来自国内，目前大约有10家风机公司向印度市场提供产品。如今，跨越整个国家，从海岸平原到山谷地带，再到沙漠，都能看到风电场的影子。印度政府现在将目标设定在2012年装机容量达到1500万千瓦，比原来设定的500万千瓦整整提高了1000万千瓦。